Übern Zaun geguckt

Geschichten aus Schrebergärten

Christoph Mulitze (Text)
Christoph Papsch (Fotos)

Klartext Verlag

Liebe Kleingartenfreunde,

mit dem nunmehr erschienenen Buch über Kleingärten hat der Autor in praxisnahen Beispielen aus Text und Fotografien deutlich herauskristallisiert, dass ein Leben mit und um das Kleingartenwesen nie langweilig werden kann.

In einer bemerkenswerten Recherche ist es gelungen, sehr interessante archivarische als auch aktuelle Situationen und Besonderheiten unserer Kleingärtner zu dokumentieren.

Von der Ursprungsidee über die Veränderungen im Laufe der Jahrzehnte wird hier deutlich, wie sich Generationswechsel vollzogen haben.

Zu diesem ansprechenden Werk kann man sowohl dem Autor gratulieren, als auch jedem Leser, der sich auf eine sehr einfühlsame Art mit dem Kleingartenwesen vertraut machen möchte.

Hans-Jürgen Schneider
Vorsitzender des Landesverbandes Rheinland der Kleingärtner e. V.

Liebe Leserin, lieber Leser,

„Übern Zaun geguckt“ – treffender hätte der Titel dieses liebevoll gestalteten Buches über die Menschen und deren Zusammenleben in den Kleingärten nicht genannt werden können.
Mit den schönen, aussagekräftigen Bildern von Christoph Papsch und einem liebevollen, informativen Text von Christoph Mulitze wird hier die große Breite der Interessen von Gartenfreundinnen und Gartenfreunden aufgezeigt.
Fotograf und Autor haben sich bei ihren vielen Besuchen in den Kleingartenanlagen als Freunde des Kleingartenwesens gezeigt und die Offenheit der Parzellenpächter kennen gelernt. Sie haben es geschafft, dass die Menschen frei und unbefangen von sich und ihrem Garten erzählt haben.
So lesen wir von den vielen unterschiedlichen Beweggründen, eine Parzelle zu bewirtschaften und mit Nachbarn und Freunden zu leben. Wir erfahren in Wort und Bild, welche Bedeutung eine Gemeinschaft hat, welchen Spaß es machen kann, miteinander Aktivitäten zu entwickeln.
Jede Geschichte ist in sich abgeschlossen und zeigt dabei, wie Jung und Alt miteinander leben. Wie aus Nachbarschaften Freundschaften entstanden sind und Lebenskrisen im Garten überwunden wurden. So soll es sein.
Selten ist die Stärke des Kleingartenwesens so deutlich aufgezeigt worden.
Ich bedanke mich bei den Autoren für dieses hervorragende Buch.
Mögen sich nicht nur die Kleingärtner beim Lesen und Blättern wiederfinden und feststellen „So ist es“, sondern auch die neutralen Leser die Bedeutung von Kleingartenanlagen von den Anfängen im 19. Jahrhundert bis heute für unsere Gesellschaft erkennen.

Werner Bolder, Vorsitzender des Landesverbandes Westfalen und Lippe der Kleingärtner e. V.

Inhalt

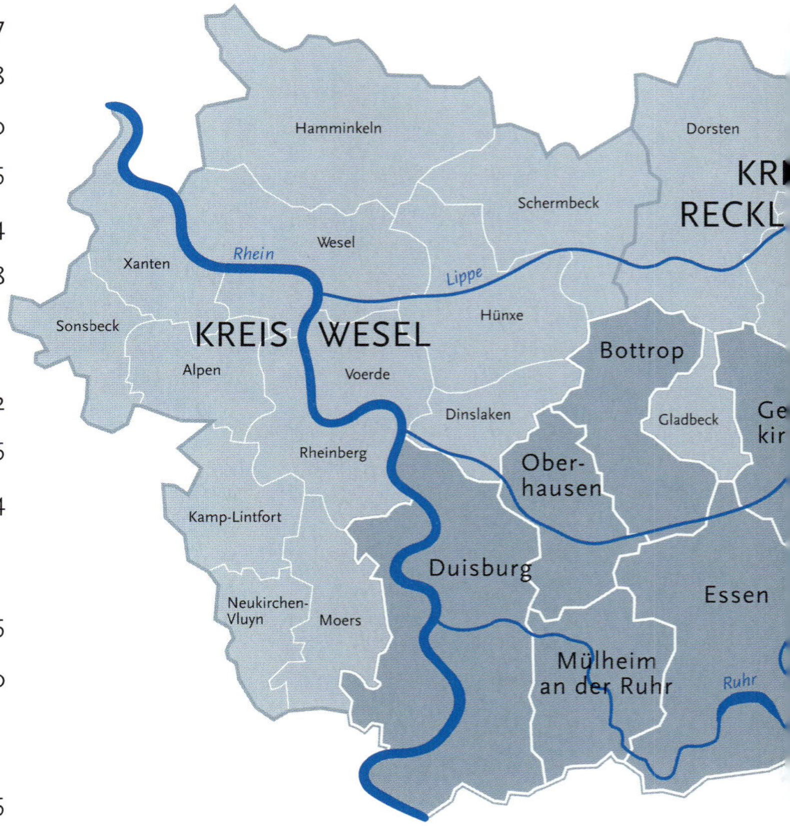
Hamminkeln
Dorsten
KR
RECKL
Schermbeck
Wesel
Xanten
Rhein
Lippe
Hünxe
Sonsbeck
KREIS WESEL
Alpen
Voerde
Bottrop
Dinslaken
Gladbeck
Ge
kir
Rheinberg
Ober-
hausen
Kamp-Lintfort
Duisburg
Essen
Neukirchen-
Vluyn
Moers
Mülheim
an der Ruhr
Ruhr

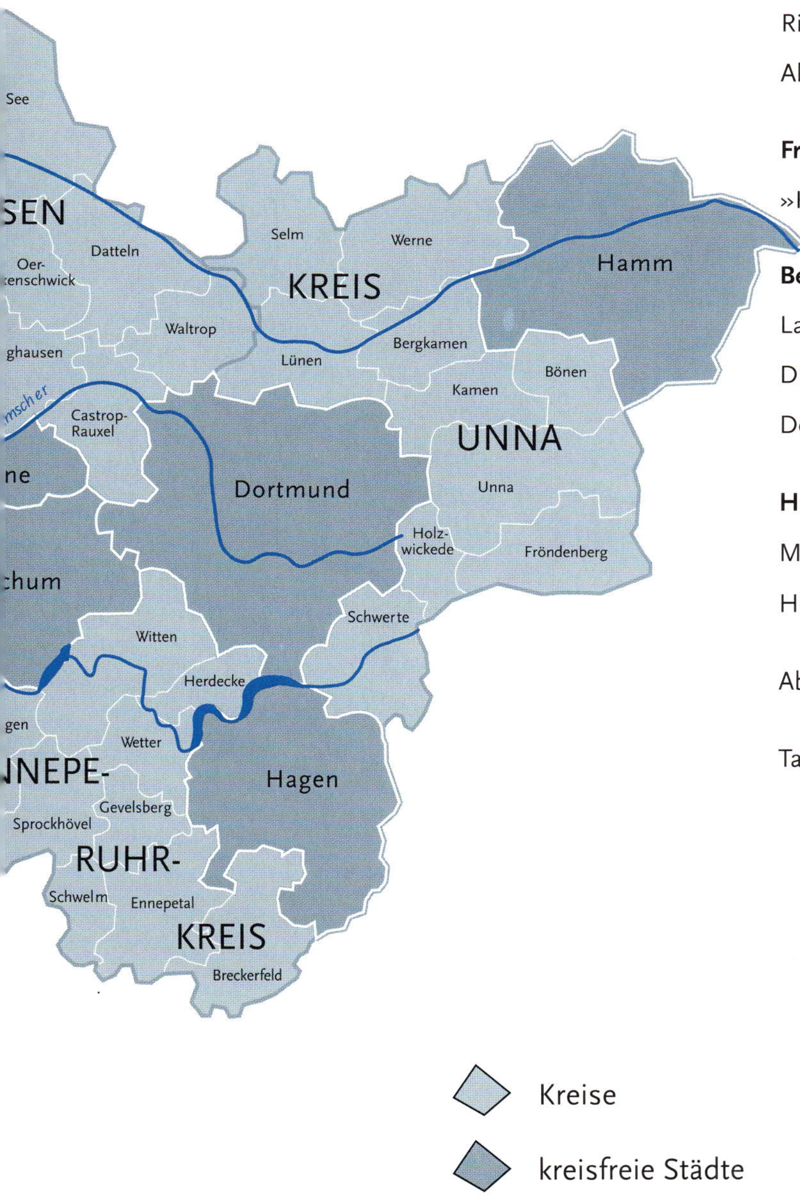
See
Datteln
Selm
Werne
KREIS
Waltrop
Lünen
Bergkamen
Hamm
Kamen
Bönen
Castrop-Rauxel
UNNA
Dortmund
Unna
Holz-wickede
Fröndenberg
Schwerte
Witten
Herdecke
Wetter
Hagen
Gevelsberg
Sprockhövel
RUHR-
Schwelm
Ennepetal
KREIS
Breckerfeld
Kreise
kreisfreie Städte

Am 2. April 1906 gab die Versammlung des Dortmunder Gartenbauvereins grünes Licht: der Schrebergarten 06 war gegründet. Damit feiert der älteste noch erhaltene Kleingartenverein im Ruhrgebiet sein hundertjähriges Bestehen.

Das näher rückende Jubiläum war für uns im Sommer 2004 Anlass, durchs Revier zu reisen, von West nach Ost, von Nord nach Süd, um zu sehen, welche Spuren die Nachfolger von Moritz Schreber hinterlassen haben. Schätzungsweise 600 Gärten haben wir in anderthalb Jahren besucht und dabei viele nette Menschen kennen gelernt, die interessante Geschichten erzählt haben. Viele dieser Geschichten haben wir gesammelt und tragen sie in diesem Buch zusammen. Aus einigen Anlagen mehr als aus anderen. In manchen Städten haben wir sogar überhaupt nichts gefunden. Das hat vor allem zwei Gründe: Erstens ist es oft purer Zufall, im richtigen Moment auf die richtigen Menschen zu treffen. Schließlich hat nicht jeder zu jeder Zeit Lust zu erzählen. Und zweitens – auch das müssen wir an dieser Stelle anmerken – sind wir leider nicht überall auf offene Ohren gestoßen. Das trifft sowohl auf einige Kleingarten-Stadtverbände zu als auch auf die Bahn-Landwirtschaft in Essen; sie verpachtet brachliegendes, anders nicht zu nutzendes Bahngelände, zumeist in der Nähe von Gleisen. Zirka 20.000 Hobbygärtner bewirtschaften im Ruhrgebiet ihr Stückchen Bahn-Land.
Wir bedanken uns herzlich bei allen Kleingärtnerinnen und Kleingärtnern, die uns Fotomaterial und Informationen zur Verfügung gestellt, die uns Kontakte verschafft und Geschichten geliefert und – nicht zuletzt – die uns aus ihrem Garten mit Obst und Gemüse beschenkt haben. Außerdem bedanken wir uns ausdrücklich beim Diplom-Geografen Holger Janietz, dem wahrscheinlich größten Kenner des Ruhrgebiets, bei den Geschäftsführern der beiden Landesverbände, Werner Heidemann und Marianne Genenger-Hein, für die Hilfe bei der Recherche, und bei unserer Kollegin Birgit Rother, die die Idee zu diesem Buch hatte.

Es ist übrigens das erste Mal, dass sich ein Buch auf diese Weise mit dem Thema Kleingärten im Ruhrgebiet auseinandersetzt. Das wurde höchste Zeit. Schließlich gibt es zwischen Rhein und Ruhr, Emscher und Lippe schätzungsweise rund 120.000 Gärtnerinnen und Gärtner auf Grabeland und in Kleingärten!

Wir wünschen Ihnen, liebe Leserinnen und Leser, viel Freude bei der Lektüre.

Christoph Mulitze
Christoph Papsch

Warum der Kleingarten auch Schrebergarten heißt

Die Kleingärten, wie wir sie heute kennen, haben mit Dr. Moritz Schreber wenig zu tun. Trotzdem werden sie mit dem Leipziger Arzt und Pädagogen in Verbindung gebracht und sogar nach ihm benannt.

Schreber lag nicht das Gärtnern am Herzen, sondern die Erziehung der Kinder. Sein Ziel war die körperliche, sittliche und geistige Erneuerung des Volkes, deren Wurzel in der Familie liegen sollte. Daher war der erste Schreberverein, der 1864 in Leipzig gegründet wurde, eher ein Erziehungsverein. Die Kinder sollten die Möglichkeit haben, auf einem Spielplatz gemeinsam und von Erwachsenen überwacht zu spielen. Gründer des Vereins war der Schuldirektor Dr. Ernst Innocenz Hauschild. Schreber erlebte die Gründung nicht mehr mit; er war schon 1861 mit 53 Jahren an einer Blinddarmentzündung gestorben. Weshalb Hauschild den Verein nach Schreber benannte, ist nicht eindeutig geklärt. Beide kannten sich, und ihre erzieherischen Vorstellungen lagen dicht beieinander. Wahrscheinlich wollte Hauschild Schreber als geistigen Vater des Vereins ehren.

Die Stadt Leipzig verpachtete dem Schreberverein günstig ein Stück Wiese. In der Mitte der Fläche entstand eine Art Spielplatz, außen herum waren Kinderbeete angelegt. Hauschild hielt den Garten für ein geeignetes pädagogisches

Mittel: Ein Garten diszipliniert; die jungen Menschen übernehmen Verantwortung und können lernen, wie das Leben funktioniert: vom Samenkorn, das zur Pflanze heranwächst, blüht und gedeiht und schließlich eingeht.

Doch schon nach kurzer Zeit hatten die Kinder keinen Spaß mehr an den Kinderbeeten. Als die Gärtchen verwilderten, griffen die verärgerten Eltern selbst zu Schaufel und Hacke. Die Folgen waren weit reichend: Denn was den Kindern wenig Freude bereitete, gefiel den Erwachsenen offenbar umso mehr. Sie parzellierten die Gärten und zäunten sie später auch ein. So waren aus den Kinderbeeten Familiengärten geworden. Am 7. Juni 1869 verabschiedete der Schreberverein die erste Gartenordnung, die die Rechte und Pflichten der Mitglieder untereinander und gegenüber dem Verein regelte. Ob dieses Datum aber als Beginn des organisierten Klein- oder Schrebergartenwesens betrachtet werden kann, ist Ansichtssache. Denn die ersten Kleingärten gab es schon viel früher.

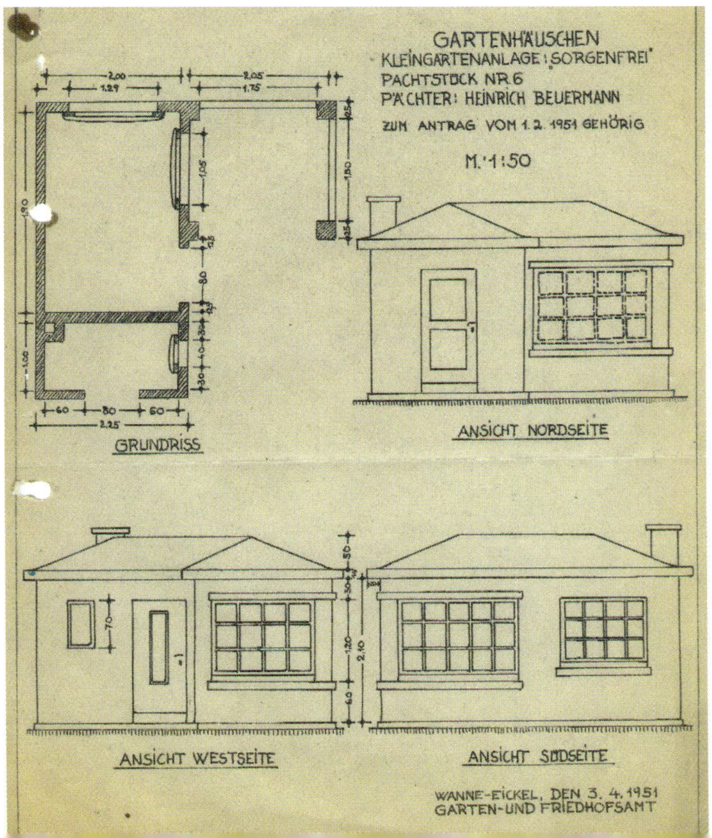

Die ersten Gärten

Bereits im Mittelalter wurden Gärten vor den Toren der Stadt angelegt. Sie waren allerdings privilegierten Schichten vorbehalten – nicht um Lebensmittel anzubauen, sondern um sich dort auszuruhen und zu vergnügen. Mit dem eigentlichen Gedanken der Kleingartenbewegung hatte das wenig zu tun.

In Chroniken ist festgehalten, dass ein Grundstücksbesitzer 1771 in Weimar 75 Parzellen an Kleingärtner verpachtete. Ende des 18. Jahrhunderts entschied der Landgraf Carl von Hessen als königlicher Statthalter der damals unter dänischer Verwaltung stehenden Herzogtümer Schleswig und Holstein, in Kappeln an der Schlei armen Bürgern ein Stück Grund für Gärten zur Verfügung zu stellen. Für das Kleingartenmuseum in Leipzig markiert das den Beginn des Kleingartenwesens in Deutschland: Die ersten Schrebergärten heutiger Prägung entstanden also nicht in Leipzig, sondern fast hundert Jahre früher im hohen Norden. In vielen Ländern Europas, nicht nur in Deutschland, entstanden zu dieser Zeit Gärten für Arme. Sie sind ein Ausdruck der weit verbreiteten sozialen Not im 18. und 19. Jahrhundert. Durch den Gemüse- und Kartoffelanbau konnten sich die Bedürftigsten selbst versorgen. So war mit den Gärten wenigstens die Ernährung sichergestellt. Allerdings mussten die Pächter einen einwandfreien Charakter als Auflage nachweisen. Dazu zählte beispielsweise, dass sie die Gartengeräte korrekt erworben und nicht geklaut hatten. Unrechtmäßiges Verhalten wie Diebstahl führte zum Verlust des Gartens ohne Entschädigung.

Auch die Arbeitergärten des Roten Kreuzes Anfang des 20. Jahrhunderts hatten ein soziales Ziel: Sie sollten die Lebensverhältnisse von Menschen, die in existenzielle Not geraten waren, verbessern. Vorbild für das Konzept waren die „jardins ouvriers" in Paris, die von der Kirche in Frankreich ins Leben gerufen wurden. Einen völlig anderen Ansatz hatten die Gärten der Naturheilbewegung. Zurück zur Natur war schon in der zweiten Hälfte des

19. Jahrhunderts ein Trend, der zwar nach kurzer Zeit wieder abflaute, aber für das Kleingartenwesen nicht unbedeutend war. Denn aus vielen der kleinen Sonnenanlagen, die durch Bretterzäune uneinsichtbar gemacht wurden, damit sich die Besitzer dahinter unverhüllt bewegen konnten, sind im Laufe der Zeit richtige Kleingärten entstanden, und aus den Naturheilvereinen wurden in einigen Fällen später organisierte Kleingartenvereine.

Im Ruhrgebiet weit verbreitet waren seit der Kaiserzeit die Werks- und Arbeitergärten. Großindustrielle Arbeitgeber stellten ihren Mitarbeitern gegen eine günstige Pacht Firmengelände zur Verfügung, auf dem Gärten angelegt wurden. Das war keinesfalls uneigennützig und nur dem sozialen Gewissen geschuldet. Vielmehr gelang es Krupp und Co. auf diese Weise, Mitarbeiter langfristig zu binden. Denn wer den Arbeitgeber wechselte, verlor natürlich auch den Anspruch auf den Werksgarten und die Werkswohnung, die ebenfalls vielen Arbeitern preiswert angeboten wurde.

Doch es gab noch weitere Gründe, die für die Gärten aus Arbeitgebersicht sprachen: Die Arbeiter, die sehr schlecht bezahlt wurden, lange Arbeitszeiten hatten und mit ihren Familien in kleinen dunklen Wohnungen unter oft katastrophalen hygienischen Verhältnissen hausten, fanden in ihren Gärten die notwendige Erholung. Auf der Scholle, die in der Regel von der Frau bewirtschaftet wurde, wuchsen Gemüse und Kartoffeln. So war eine gesunde Ernährung der Arbeiter gesichert. Ausgeruhte und gesunde Mitarbeiter sind produktiver, wussten schon damals die Arbeitgeber. So profitierten letztlich auch sie von den Gärten.

Und – nicht zuletzt – diente der Garten auch der Erziehung. Denn wer seine Freizeit im Garten verbringt, hängt nicht im Wirtshaus herum, wo nach Ansicht der Arbeitgeber zwei große Gefahren lauerten: der Alkohol und die Sozialdemokraten und Kommunisten, die dort ihre Veranstaltungen abhielten.

Bei dem Land, das von Zechen, Großindustriellen und oft auch Bauern verpachtet wurde, handelte es sich um Grabeland (siehe auch Seite 167). Die erste zusammenhängende, organisierte Kleingartenanlage im Ruhrgebiet entstand 1895 in Essen. Die Fläche gehörte der Stadt, die Pächter waren Arbeiter. In Dortmund wurde am 2. April 1906 der Schrebergartenverein 06 gegründet, die älteste heute noch erhaltene Kleingartenanlage des Ruhrgebiets. Eine erste bedeutende Kleingartengründungswelle setzte in den Jahren des Ersten Weltkrieges ein, als die ohnehin vorhandenen Versorgungsnöte noch größer wurden.

Foto Seite 8 und oben links: In den 1950-er Jahren stand in der Kleingartenanlage Herne-Horsthausen eine Mühle, wo sich heute die Gartenparzelle 19 befindet. Später wurde sie abgerissen, was heute bedauert wird. Rechts: Kleingärtner 1952 beim Bau des Vereinsheims in Horsthausen.

Beispielhaft genannt seien der Verein Gut-Grün Bergbau Neumühl in Duisburg, der Kruppsche Gartenbauverein in Essen und die Anlage Herne-Baukau. Letztere bestand 1912 zunächst aus Grabelandparzellen und gründete sich erst zwölf Jahre später als „ordentlicher" Kleingartenverein.

Für Propaganda missbraucht

Während des Dritten Reichs verdoppelten sich die Mitgliederzahlen der Kleingartenvereine in Deutschland – von rund 430.000 im Jahr 1931 auf knapp 840.000 sieben Jahre später. Das hing allerdings damit zusammen, dass andere Organisationen wie die Kaninchenzüchter und -halter zwangsweise angegliedert und die österreichischen Kleingärtner nach dem „Anschluss" Österreichs ans Reich mitgezählt wurden. Tatsächlich sank die Anzahl der Kleingärten erheblich während der Nazi-Diktatur zwischen 1933 und 1945.

Schon 1933, im Jahr der Machtergreifung Hitlers, wurden alle Kleingärtnerorganisationen gleichgeschaltet. Der neu gegründete Reichsbund der Kleingärtner und Kleinsiedler vereinheitlichte die Satzung für alle Vereine. Dort wurde beispielsweise festgelegt, dass Vereinsfunktionäre nicht mehr gewählt, sondern berufen werden. Politisch zuverlässig im Sinne der faschistischen Ideologie mussten aber nicht nur die Vorsitzenden sein, sondern auch die Kleingärtner selbst. Andernfalls konnte ihnen gekündigt werden. Das wurde erreicht durch eine Lockerung des Kündigungsschutzes. Selbstverständlich musste der deutsche Kleingärtner arisch sein. Seit 1937 war es jüdische Bürger verboten, Kleingärten zu pachten.

Während des Krieges sprachen die Nationalsozialisten den Kleingärtnern in ihrer Propaganda ausdrücklich eine große ernährungspolitische Rolle zu. „Eine der wichtigsten Aufgaben der Heimatfront ist die Sicherstellung der Ernährung des deutschen Volkes", so Walther Darré, Reichsminister für Ernährung und Landwirtschaft und Reichsbauernführer 1942 in der Zeitschrift „Der Westdeutsche Kleingärtner". Weiter schrieb er in seinem Aufruf an die deutschen Kleingärtner: „Die großen Opfer, die der deutsche Soldat in diesem Kriege ständig bringt, werden jedem Kleingärtner ein Ansporn sein, die von ihm erwarteten Leistungen zu vollbringen, so dass auch er durch seine Leistungssteigerung zum Endsieg beisteuern kann".

Doch neben der Versorgung mit Lebensmitteln in den Kriegsjahren halfen die Kleingärten vielen Menschen noch auf andere Weise: Weil viele Häuser durch Bomben zerstört und unbewohnbar waren, besonders schlimm auch im Ruhrgebiet, dienten die Lauben als Notunterkünfte.

Boom nach dem Krieg

In den Nachkriegsjahren hielt die Wohnungsnot zunächst an, und so wurde per Erlass den Kommunen erlaubt, darüber zu entscheiden, ob die Kleingärtner in den Gartenhäuschen wohnen und diese entsprechend ausbauen dürfen. Zunächst auf Zeit, später wurde daraus in vielen Städten ein dauerhaftes Wohnrecht, das erst bei Neuverpachtung wegfiel. Dann mussten die Lauben, entsprechend dem Bundeskleingartengesetz, wieder zurückgebaut werden auf maximal 24 Quadratmeter.

Die ersten Jahre der Bundesrepublik bescherten dem Schrebergartenwesen einen Boom. Von 1945 und 1960 stieg die Zahl der Kleingartenvereine zum Beispiel in Dortmund von 35 auf 79. Oft bewarben sich Frauen um eine Parzelle, weil ihre Männer entweder gefallen oder in Kriegsgefangenschaft waren. Davon versprachen sie sich eine sichere Versorgung mit Lebensmitteln und eine Futterquelle für ihre Tiere: Bergmannskühe (Ziegen), Schweine, Hasen, Hühner, Schafe. Als in Bergkamen 1947 der Kleingartenverein Im Krähenwinkel gegründet wurde, wollten 98 Bewerber einen Garten – die meisten von ihnen Bergmannswitwen, deren Männer am 20. Februar 1946 bei der größten Bergwerkskatastrophe in Deutschland ums Leben kamen: Bei dem Unglück auf der Schachtanlage Grimberg starben 406 Kumpel.

-Kleingärtner - Verein-
Am Folkenbornshof e.V.
Mülheim (Ruhr)-Heißen

EINLADUNG
zur
Einweihung der Neuanlage
und des Schwimmbades
am 19.8.1972 - 11^{00}

der Vorstand
2. Schriftführer

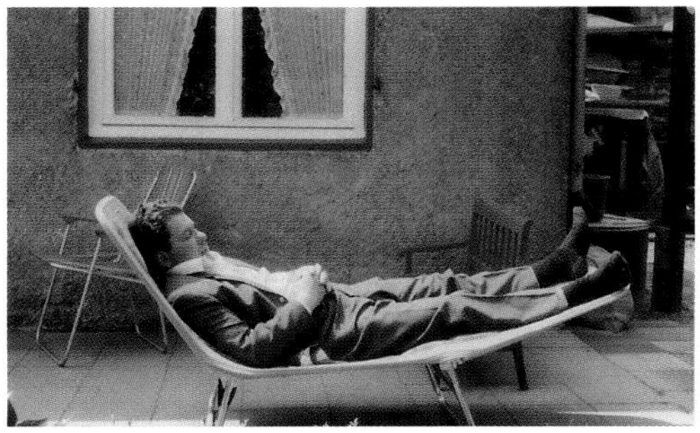

Hoher Freizeitcharakter

Mit dem wachsenden Wohlstand nahm auch das Interesse an Kleingärten stetig ab. Obst und Gemüse waren spätestens seit Beginn der 1970-er Jahre längst in reicher Auswahl und zu guten Preisen im Supermarkt erhältlich. Und das zu jeder Jahreszeit. Es gab für viele deshalb keinen Grund mehr, sich selbst zu versorgen. Etwa zur gleichen Zeit begann ein Wertewandel. Freizeit bekam in der materiell nahezu gesättigten Gesellschaft einen höheren Stellenwert. Das spiegelte sich rasch in den Schrebergärten wider, auch wenn jeder unter Freizeit und Erholung etwas anderes versteht. Für den einen ist es die Schaukel oder der Sandkasten fürs Kind, für den anderen der Grill auf der Terrasse. Das Bundeskleingartengesetz von 1983, das das Kleingartenwesen in Deutschland regelt, hat darauf reagiert. In einer Überarbeitung von 1994 wird der kleingärtnerische Nutzen zwar nach wie vor herausgestellt. Dazu zählt der nicht erwerbsmäßige Anbau von Obst und Gemüse ebenso wie die Zierbepflanzung mit Blumen. Doch als gleichwertig wird nun auch die Erholungsfunktion des Kleingartens betont.

Gesetzlich erwähnt ist seit 1994 auch, dass die Kleingärtner den Natur- und Umweltschutz besonders zu beachten haben. Dies war und ist ein großes Anliegen der Kleingartenorganisationen wie den beiden Landesverbänden in Nordrhein-Westfalen.

Durch den festgeschriebenen Freizeitcharakter und das stärkere Umweltbewusstsein hat das Kleingartenwesen etwa seit Ende der 1990-er Jahre wieder an Attraktivität gewonnen. Auch wenn es nicht mehr so ist wie in den 1950-er und 1960-er Jahren, als es lange Wartelisten von Interessenten gab. In vielen Kleingartenvereinen stehen sogar Gärten leer und könnten sofort vergeben werden. Das ist aber in erster Linie eine Folge der demografischen Entwicklung, die im Ruhrgebiet besonders eklatant ist: Dort gibt es noch weniger junge Menschen als in anderen Teilen Deutschlands. Trotzdem befindet sich das Kleingartenwesen seit zirka 15 Jahren im größten Generationswechsel nach dem Krieg. Die Kleingärtner der ersten Stunde geben ihre Gärten ab, und es rücken zunehmend junge Familien nach. Ihnen ist es gerade in Ballungsgebieten mit hoher Verkehrs- und Bebauungsdichte wichtig, Ruhe und Erholung zu finden. Außerdem sollen ihre Kinder im Grünen aufwachsen. Von 1997 bis 2003 ist der Altersdurchschnitt der Kleingärtner in Deutschland von 56 auf 47 Jahre gesunken.

Aber nicht nur das Alter sinkt. Auch die Sozialstruktur wird vielfältiger. Längst sind es nicht mehr vor allem die Arbeiter und kleinen Angestellten, die einen Schrebergarten besitzen. Kleingärtner gibt es inzwischen querbeet durch alle gesellschaftlichen Schichten, unabhängig von Beruf, Bildung und Herkunft. Das führt mitunter zu Konflikten, wie ältere Kleingärtner berichten. Gerade Zuwanderer aus Osteuropa sprechen oft nur sehr schlecht Deutsch, sind schwer zu integrieren, weil sie sich abschotten und eigene Grüppchen bilden. Viele jüngere Pächter haben weder Interesse an der Gemeinschaftsarbeit noch am kleingärtnerischen Gesellschaftsleben. Von der Gemeinschaftsarbeit, wie etwa Sauberhalten öffentlicher Wege in der Anlage, kaufen sie sich durch geringe Geldbeträge frei, so dass diese Arbeit immer an den gleichen Kleingärtnern hängen bleibt. Aus dem Gesellschaftsleben halten sie sich oft ganz heraus – mit dem Ergebnis, dass die Vereine Schwierigkeiten haben, ihre Vorstände zu besetzen.

Trotzdem werden Kleingärten gerade dort, wo die sozialen Probleme größer werden, der Verkehr weiter zunimmt, die Bebauung dicht und die Umweltbelastung stark ist, also auch im Ruhrgebiet, in den kommenden Jahrzehnten wichtig bleiben: Ein Teil der Bevölkerung wird aus finanziellen Gründen möglicherweise wieder darauf angewiesen sein, selbst Obst und Gemüse anzubauen. Ein anderer Teil wird den Schrebergarten als Freizeit- und Erholungsstätte schätzen. Für alle gemeinsam sind die Kleingartenanlagen auch künftig öffentliche Grünflächen, die als ökologischer Ausgleichsfaktor dazu beitragen, dass die Artenvielfalt von Pflanzen und Tieren in Siedlungsgebieten erhalten bleibt. ❧

Quellen und weiterführende Literatur:

Kleingärten und Kleingärtner im 19. und 20. Jahrhundert, herausgegeben vom Bundesverband Deutscher Gartenfreunde, 4. Auflage, Bonn 2001.

Arbeitergärten im Ruhrgebiet, herausgegeben im Auftrag des Landschaftsverbands Westfalen-Lippe von Vera Steinborn. Westfälisches Industriemuseum, Dortmund 1991.

Kleingärtner im Rheinland, herausgegeben zum 75. Jahrestag der Gründung des Landesverbandes Rheinland, Düsseldorf 1997.

36/56

Vorgang.

Der Schrebergärtner Horst E n g e l hat am 26.Mai 1956 den Spielplat
in der Gartenanlage 3 gesäubert. -Die alten Gartenpfähle hinter dem
Postwagen ~~aufgestapelt~~ aufgestapelt, die brauchbaren Pfähle hinter
dem Klo aufgestapelt. Die neuen Pfähle in dem Postwagen gebracht und
aufgestapelt. Die Torfballen gleichfalls in den Wagen gebracht,
den ganzen Platz von Steinen, Holz und Draht gesäubert und abgeharkt.
Für diese Arbeit hat Herr Engel 3 Stunden benötigt .
Nach einem Vorstandsbeschluß beträgt die Vergütung für 1 Stunde 1,00
DM, somit sind an Herrn Engel zu zahlen 3 x 1,00 DM = 3,00 DM.
Die Arbeiten sind ordnungsmäßig und säuber ausgeführt.

Dortmund, dem 27.Mai 1956

Hundertmark
(Hundertmark)
I.Vorsitzender

Betrag erhalten.
Engel
(Engel)

Rekordzüchtig

Rekorde sind für Francesco Cannicci nichts Besonderes. Seit Jahren sammelt er sie so selbstverständlich, wie andere Leute Briefmarken. Egal, an welchem Züchter-Wettbewerb Francesco auch teilnimmt – er steht am Ende immer auf dem Siegertreppchen. 1998 zum Beispiel gewann er den Sonnenblumen-Wettbewerb der NRZ in Moers. Die Jury legte das Maßband an – und staunte: Die Blume hatte einen Durchmesser von 49 Zentimetern.

2003 schaffte es eine seiner Bohnen auf eine Länge von 1,10 Meter. Ein Jahr später folgte dann Francescos bisher größter Erfolg: der dreifache Triumph bei der Garten-Olympiade einer Anzeigenzeitung. Seine Sonnenblume hörte erst bei 4,88 Meter auf zu wachsen, seine Zucchini wurde 87,8 Zentimeter lang, und den dicksten Kürbis konnten viele nicht einmal anheben, so schwer war er. Sage und schreibe 62,5 Kilogramm brachte das Prachtexemplar auf die Waage.

Jedes Jahr stellen sich die Kollegen in der Kleingartenanlage Am Frankenfeld in Moers dieselbe Frage: Welche Rekorde bricht unser Francesco wohl diesmal? Und sie rätseln, wie der Mann aus der Toskana, der schon in den 1950-er Jahren ins Ruhrgebiet kam, es immer wieder schafft, solche Riesengewächse zu züchten. „Wir vermuten, dass er erfolgreich auf Eigendüngung vertraut“, sagt der stellvertretende KGV-Vorsitzende Horst Weber lachend, der sich wie die allermeisten mit Francesco über die Zuchterfolge freut. Doch offenbar ist nicht jeder Hobby-Gärtner gönnerhaft: Vor zwei Jahren drang nachts ein Unbekannter in Francescos Garten ein und zerhackte eine 85 Zentimeter lange Rekord-Zucchini. War's ein Konkurrent bei der Garten-Olympiade? Ein Gemüse-Hasser? Oder sogar ein neidischer Kollege aus der Anlage? Obwohl der Eindringling Fußspuren hinterlassen hatte, wurde er nicht ermittelt.

Eine Zucchini konnte der Attentäter zerstören – den Eifer von Francesco, immer neues Riesengemüse zu züchten, allerdings nicht.

Nun hat er sein lange gehütetes Geheimnis endlich gelüftet. Wenn auch nur teilweise: Francesco zieht oft stundenlang über die benachbarten Felder der Bauern und sammelt mit Schüppe und Eimer Kuhmist auf. „Das ist der beste Dünger. Der wirkt Wunder“, verrät Francesco schmunzelnd. Und ergänzt augenzwinkernd: „Natürlich kommt es auch auf den richtigen Samen an.“ Woher er den hat, behält er doch lieber für sich. ❧

150 Kilo Kiwis

Erdbeeren, Kirschen, Äpfel oder Birnen – die hat doch jeder, dachte sich Erhard Sirach aus der Kleingartenanlage Am Frankenfeld in Moers. Er suchte 1984 die neue Herausforderung. Eine Frucht, die nicht jeder züchtet in Deutschland. Und gut schmecken muss sie ihm natürlich auch. Warum nicht Kiwis, dachte er sich, wagte den Versuch – und hatte Erfolg. Manchmal wundert er sich noch heute darüber. Sirach: „Vielleicht liegt der Garten besonders günstig. Denn eigentlich mache ich nichts, die Kiwis wachsen halt." Und das im Sommer 2004 besonders gut. 150 Kilogramm erntete er. Viel zu viele zum Frischessen. Einen Großteil hat er verarbeitet – zu Kiwilikör. „Der ist süß und schmeckt vor allem den Frauen", sagt Sirach.

Experte für Exoten

Manfred Lesny aus dem Kleingartenverein Homberg in Duisburg hat ein gutes Händchen für südländische Früchte: Ob Zitronen, Orangen oder Feigen – der pensionierte Kriminalkommissar ist seit Jahren ein Experte für Exoten. Der Aufwand für die empfindlichen Bäumchen ist enorm. Die Zitronenbäume werden ganzjährig etwa alle 14 Tage mit einem Spezialdünger gedüngt. Lesny gießt nicht mit Leitungswasser, sondern nur mit destilliertem Wasser. Im Herbst kommen die Zitronenbäume, die Mandarinenbäume, die portugiesische Orange und die jugoslawische Feige ins Gewächshaus. „Wichtig ist, dass sie frostfrei überwintern. Sie brauchen mindestens fünf bis zehn Grad", sagt der Duisburger, der auch im Winter täglich nach den Pflanzen schaut. Im Gewächshaus stehen zwei Öfen mit Thermostaten, zudem spenden Grablichter in Blumentöpfen 24 Stunden lang Wärme. Die Bäumchen danken für die fürsorgliche Behandlung – und bringen regelmäßig eine ordentliche Menge Früchte hervor. „Besonders die Mandarinen sind ein Gedicht", schwärmt Lesny über den Lohn seiner Mühe. ❧

Doppelter Feiertag

In Kleingartenanlagen wird traditionell viel und gerne gefeiert. Zum Beispiel einmal im Jahr, am zweiten Sonntag im Juni, der Tag des Gartens. Dieser Festtag wurde 1984 vom Bundesverband Deutscher Gartenfreunde ins Leben gerufen und hat sich inzwischen in vielen Vereinen etabliert. An diesem Tag wird aufgezeigt, was (Klein-)Gärten für die Lebensqualität der Menschen, besonders in den Städten, bedeuten. Und natürlich versprechen sich die Kleingärtner auch etwas Werbung für ihr Hobby: An diesem Tag können sie einer breiten Öffentlichkeit die Freude am Garten und an der Natur nahe bringen.

Der Kleingartenverein Homberg in Duisburg hatte am 12. Juni 2005 gleich einen doppelten Grund zu feiern: Zum einen war es der Tag des Gartens, zum anderen wurde ein großes Vereinsjubiläum begangen – das 70-jährige Bestehen der Anlage. Wie die Chronik erzählt, wurde der Verein 1935 auf einem ehemaligen Truppenübungsplatz durch einen Vertrag zwischen der damals eigenständigen Stadt Homberg und dem Kleingärtner-Verein im Reichsverband der Kleingärtner und Kleinsiedler in Homberg geschlossen. Der jährliche Pachtzins betrug vier Reichspfennige pro Quadratmeter. Zu den Gründern gehörte die Familie Wellsandt, die ihren Garten inzwischen in dritter Generation bewirtschaftet.

Carolinen
Kleingarten
Homberg

Bei Tante Käthe in der Laube

„Erinnerung malt mit goldenem Pinsel", heißt ein chinesisches Sprichwort. Kurt Wellsandt weiß, was damit gemeint ist. Wenn er durch die Kleingartenanlage Homberg in Duisburg spaziert, spazieren seine Gedanken mit. „Ich denke dann immer an früher. Das war die allerschönste Zeit", sagt der ehemalige Betriebselektriker von Sachtleben, und seine Augen glänzen. Früher – das waren vor allem die 1930-er Jahre, als er und sein Bruder Werner klein waren. Die Eltern hatten seit 1935 ihre Scholle in der Kleingartenanlage, und die beiden Jungs verbrachten einen großen Teil ihrer Zeit dort. Denn mit den Kindern aus den anderen Gärten gab es vieles zu erkundschaften. Am liebsten erinnert sich Kurt daran, wie sie in den Ferien in der Hütte geschlafen haben. „Die ganze Bagage war beisammen", sagt Kurt lachend. Damit meint er sich und seine beiden Brüder, mal den einen oder anderen Freund und auch schon mal einen Cousin, der so lange „Tante Käthe", die Mutter von Werner und Kurt, bekniete, bis sie schließlich zustimmte. Dann spielten sie abends Mensch-ärgere-dich-nicht oder sie erzählten sich Geschichten, und wenn dann alle, später als sonst zu Hause üblich, unter ihre Decken krochen, hörten sie die Vögel, wie sie über das Wellblechdach tippelten.

Der Zweite Weltkrieg beendete die Romantik. Wenn die Sirenen heulten, mussten die Familien um ihr Leben rennen. Gott sei Dank lag der nächste Luftschutzbunker direkt um die Ecke im Ulmenhof. Beim Versuch, die Rheinbrücke zu treffen, fielen auch mehrere Bomben auf die Kleingartenanlage. Mindestens zwei auch in den Garten der Wellsandts: Eine schlug direkt neben der Laube ein, eine andere in die Hecke. Kurt Wellsandt vermutet, dass das nicht alles war: „Ich fürchte, dass dort noch zwei Blindgänger liegen."

Resi Clauss, eingerahmt von Onkel Kurt (re.) und Vater Werner

Nicht nur das kleine Anwesen der Wellsandts wurde zerstört, sondern auch die meisten anderen Gärten. Gejammert haben die Leute aber nur kurz; dann ging's schnell an den Wiederaufbau. Denn die Versorgung mit Lebensmitteln war schlecht, und wer zu dieser Zeit einen Kleingarten besaß, konnte sich glücklich schätzen. Alles, was es im Geschäft nicht zu kaufen gab, konnte dort wachsen. Die Folge: Der Diebstahl nahm rasant zu. Die Kleingärtner schoben deshalb wechselnd Nachtwache. Zwei Leute passten zwischen 22 Uhr abends und fünf Uhr morgens auf, dass keine Fremden eindrangen und klauten. Der Erfolg war allerdings nur mäßig: Die Diebe verlegten ihre Tour auf die Zeit zwischen fünf und sechs Uhr – wenn bei Sachtleben, wo fast alle Kleingärtner arbeiteten, die Schichten wechselten.

Kurt Wellsandt übernahm 1973 den Garten von der Mutter – aber nur für eine Saison. „Ich habe kein Händchen, bei mir wächst einfach nichts", bedauert er. Also übergab er den Garten an seinen vier Jahre älteren Bruder Werner. Der bewirtschaftete ihn bis Mai 2005; dann übernahm seine Tochter Resi Clauss die Anlage. Damit befindet sich der Garten seit Gründung des KGV Homberg im Jahr 1935 in Familienhand.

Und auch wenn Werner Wellsandt nicht mehr allzu gut zu Fuß ist, versucht er doch, immer noch so viel Zeit wie möglich in der heimischen Parzelle zu verbringen. „Guck mal, Resi, das Unkraut da, dagegen musst du was machen", sagt er und deutet mit seinem Stock auf den Bewuchs links am Eingangszaun. „Ach Papa", stöhnt Resi Clauss und erklärt: „So geht das immer. Er ist so pingelig. Neulich saß er gebückt auf seinem Rollator und zupfte Unkraut." Worüber beide lachen müssen.

Auch Kurt Wellsandt zieht es noch oft in die Kleingartenanlage. Meistens läuft er durch, hält hier und da ein Pläuschchen. Oder er bleibt einfach so stehen und erinnert sich still. An eine Zeit, als alles so viel schöner war.

Großes Foto links: Kurt Wellsandt als Kind Anfang der 1940-er Jahre beim Kaninchenfüttern. Unten von links nach rechts: Die Eltern von Kurt und Werner haben sich für den Sonntagsspaziergang schick gemacht. (Das Bild stammt aus den 1930-er Jahren.) So sahen Laube und Garten der Wellsandts während des Krieges aus. Stolz zeigt Mutter Frieda Wellsandt zwei schöne große Salatköpfe. Sie war Mitgründerin des Kleingartenvereins und erste Pächterin.

GUT GRÜN

Der Vogel-Flüsterer

Er ist einer der beliebtesten Kleingärtner im Rheinland, bekannt weit über die Duisburger Stadtgrenzen hinaus, und wenn die anderen ihn Vogelstimmen-Meier nennen, so ist das höchst respektvoll gemeint. Horst Meier heißt der Mann eigentlich, ist pensionierter Postbeamter im mittleren Dienst und engagierter Kleingärtner seit 1960.

Wer auf die Idee kam, ihn Vogelstimmen-Meier zu nennen, weiß er selbst nicht mehr. „Ach herrje, das ist lange her. Sehr lange“, sagt er und lacht. Woher er den Spitznamen aber hat, liegt auf der Hand: Horst Meier kennt die Vogelwelt an Rhein und Ruhr wie kaum ein anderer. Rund 50 Brutvogelarten kann er an ihrer Stimme erkennen. Sein Wissen sei phänomenal, heißt es beim Landesverband Rheinland, dem er seit 1979 ein Vierteljahrhundert als Fachberater und Referent zur Seite stand.

Horst Meier interessierte sich schon früh für die Natur. Bereits mit fünf Jahren besaß er im Garten der Eltern in Oberhausen-Sterkrade seine eigene Ecke, ein paar Quadratmeter nur, aber es reichte, um ein paar Blümchen und auch ein bisschen Gemüse anzubauen. „Beim Ernten war ich immer stolz wie Oskar“, erinnert sich Horst Meier.

Sein Engagement setzte sich fort. Er ging gerade mal zur Schule, da veredelte er schon die Rosen seines Großvaters. Mit 20 Jahren schließlich hatte Horst Meier seinen eigenen Kleingarten – es ist der gleiche, den er heute noch mit seiner Frau Traute pflegt. Dort begann er schnell, sich intensiv mit der heimischen Vogelwelt und mit Fragen des Umweltschutzes zu befassen – lange, bevor andere dieses Thema für sich entdeckten.

Jahrelang beobachtete Horst Meier das Verhalten der Vögel in seinem Garten, kaufte sich eine Kassette mit Vogelstimmen, um erkennen zu können, mit wem er es zu tun hat im gemeinsamen Revier. Die Anzahl der Vogelarten, so hat Meier beobachtet, ist in der Anlage Gut Grün am Mattlerbusch seit den 1960-er Jahren deutlich zurückgegangen, nachdem direkt daneben ein Wohngebiet gebaut worden war. „Es gibt hier beispielsweise keine Grün- und Buchfinken, Haubenlerchen und Bachstelzen mehr“, bedauert Vogelstimmen-Meier, der gemeinsam mit dem Duisburger Kleingarten-Stadtverband im Laufe der Jahre einige Hundert Nistkästen in Parks und auf Friedhöfen aufgehängt hat.

Immer noch bitten ihn Gartenfreunde um Hilfe, wenn sie nicht wissen, wer auf ihrer Scholle zwitschert. Meier: „Viele denken, sie hätten eine Nachtigall. Meistens muss ich sie enttäuschen, weil's bloß eine Singdrossel ist.“

Und er mischt sich ein, manchmal auch ungefragt. Oft hat er an Kleingärtner-Kollegen appelliert, nicht alles, was verblüht ist, gleich abzuschneiden. Stauden zum Beispiel solle man stehen lassen, rät er. Denn ihr Samen dient vielen Vögeln, wie etwa Spatzen und Finken, als Nahrung. Dadurch gebe es mehr Vögel in den Gärten – und es seien deshalb keine chemischen Mittel zur Schädlingsbekämpfung nötig. Schon ein Meisenpärchen verputzt mit seinen Nachkommen Zehntausende Raupen und viele Millionen Insekten im Jahr.

Die Kleingartenanlage am Ruhrrevierpark Gut Grün am Mattlerbusch ist trotz des angrenzenden Wohngebiets immer noch ein Traum für jeden Naturfreund. Sie ist extrem grün, sehr ruhig, und das einzige, was man in den Gärten laut vernehmen kann, ist eine vielstimmige Vogel-Symphonie. Horst Meiers Engagement hat bei den Garten-Nachbarn offenbar gewirkt.

Foto links: Horst Meier ist Experte für Vogelstimmen. Doch er gibt zu: „Meine Frau Traute kann noch mehr Stimmen unterscheiden als ich.“
Vorherige Seite: Horst Meier mit einem Nistkasten für Höhlenbrüter. Der Kasten im Birnenbaum hat ein Flugloch von 32 Millimetern.

Freunde fürs Leben

Freundschaft ist ein großes Wort. Trotzdem benutzt es Paul Brüren, wenn er über seinen direkten Gartennachbarn Karl-Heinz Herrmann spricht. „Wir sind Freunde. Gute Freunde sogar." Seit 1961 bewirtschaften die beiden ihr Land, und in dieser Zeit haben sie viel miteinander erlebt. Vor allem gutes.

Paul Brüren, Jahrgang 1917 und damit sieben Jahre älter als sein Freund, übernahm den Garten von seinem Bruder. Der hatte Ende der 1950-er Jahre ohne die Zustimmung seiner Frau die Parzelle erworben. „Meine Schwägerin war davon gar nicht begeistert, und so habe ich mich nach zwei Jahren erbarmt", erzählt Brüren. Fast zur gleichen Zeit zog nebenan Karl-Heinz Hermann ein. Er erinnert sich, dass sein Vater bereits einen Kleingarten mit Enten, Hühnern und Kaninchen hatte, in dem er als Kind immer mithelfen musste. „Das hat mir nicht geschmeckt. Viel lieber wollte ich Fußball spielen."

Gerne denken die beiden an die Anfangsjahre zurück. „Wir waren eine verschworene Gemeinschaft. Der Zusammenhalt war großartig", erzählen sie mit leuchtenden Augen. Die Gemeinschaft – das waren acht Paare mit nebeneinander liegenden Gärten. „Oh, wir haben viel gefeiert. Fast jedes Wochenende war hier Remmidemmi", sagt Brüren, und Herrmann lacht nickend. Und weil das noch nicht genug war, gründeten sie außerdem noch einen Kegelklub. Ganz besonders gut konnten vor allem Brüren und Herrmann miteinander. Gemeinsam mit ihren Ehefrauen fuhren sie sogar zusammen in den Urlaub.

Aber auch das Gärtnern kam natürlich nicht zu kurz. „Ich hab damals mit meinem alten Henkel-Roller die Bauernhöfe abgeklappert und Pferdemist in großen Säcken hierher geschafft", erinnert sich Herrmann. Später brachte ein Bauer den Mist vorbei und kippte seinen Anhänger vor dem Tor der beiden ab. Dann kamen alle acht Nachbarn zusammen und füllten mit Mistgabeln ihre Schubkarren. „Ich weiß gar nicht mehr, wie viele volle Karren das waren. Unzählige. Eine Hundsarbeit war das", sagt Herrmann. Der Mist, daran erinnert er sich noch ganz genau, kostete ordentlich Geld für die damalige Zeit. „Für eine große Ladung mussten wir 200 Mark an den Bauern berappen."

Und auch über Verbotenes spricht Herrmann ganz offen. Er hielt sich nämlich in den Anfangsjahren zwei Kaninchen, obwohl

Paul Brüren (rechts) und Karl-Heinz Herrmann beim Fachsimpeln.

er das nicht durfte. Von seinen Arbeitskollegen hat er Brot bekommen, das sie in ihrer Pause nicht mehr essen wollten. Über dieses Brot durften sich dann die Kaninchen freuen. Wie viele Jahre er die Langohren hielt, weiß Herrmann nicht mehr. Sie dürften aber an Altersschwäche gestorben sein. Denn weder er noch sein Schwager brachten es übers Herz, die beiden zu schlachten.

Paul Brüren, obwohl fast 90 Jahre alt, hat immer noch einen sehr kräftigen Händedruck. Seine Körperhaltung ist aufrecht, und sein gebräuntes Gesicht zeigt kaum ein Fältchen. Die jahrzehntelange Arbeit an der frischen Luft hat ihn offensichtlich jung und fit gehalten. Trotzdem muss er inzwischen einen Großteil des Gartens seiner jüngeren Frau überlassen. „Das ist in Ordnung, so ist halt der Lauf des Lebens", sagt er ohne Wehmut. Auch Karl-Heinz Herrmann kennt die Vorteile, die das Alter mit sich gebracht hat. „Früher war ich sehr pingelig, da musste alles wie eine Eins stehen, und Unkraut durfte gar nicht wachsen. Heute bin ich viel gelassener."

Einen Nachteil des Alters empfinden beide allerdings als traurig. Von den acht befreundeten Paaren sind nur noch Brüren, Herrmann und ihre Frauen übrig geblieben. Alle anderen haben nach und nach ihre Gärten abgegeben. Neue, jüngere Kleingärtner übernahmen deren Parzellen. Der Zusammenhalt, beklagen die beiden Freunde, war damals besser. „Klar, man grüßt sich freundlich mit den neuen Nachbarn. Aber das ist es dann auch", sagt Brüren.

Wenn die Traubenlese bei Paul Brüren ansteht, versammelt sich die ganze Familie im Garten und hilft. In guten Jahren füllen die roten Trauben Dutzende große Eimer. Eine Garantie, dass der Wein anschließend auch gut wird, gibt die Menge aber nicht. „Wein muss schön süffig sein", findet Brüren und schüttelt sich, weil er an den Wein aus dem vergangenen Jahr denken muss. Viel zu trocken war ihm der, weshalb noch zahlreiche Flaschen im Schrank stehen. Für Gäste. „Ich kriege den nicht runter. Mir schmeckt der wie Essig", sagt Brüren.

Oben und rechts: Helmut Schacht in seinem Schrebergarten Am Schwelgernpark in Duisburg-Marxloh.
Nächste Doppelseite: Ebenfalls in der Anlage Am Schwelgernpark: Heinz Ehlers bei der Gartenarbeit, während sich seine Frau ihrer Zeitschriftenlektüre widmet.

Prost! Ein Pils mit »Schimi«

Einsatz im Schrebergarten: Nach Dreharbeiten im Hafen kam „Schimi“ Götz George (M.) am Vatertag 1984 auf ein Pils in der Kleingartenanlage Aakerfährstraße vorbei, die nur zehn Minuten vom Hafen entfernt liegt. Der Schauspieler, der von 1981 bis 1991 als rüder „Tatort“-Hauptkommissar der Duisburger Mordkommission für Recht, aber selten für Ruhe sorgte, stieß kräftig mit den Gartenfreunden und dem damaligen Oberbürgermeister Josef Krings (re.) an. Einige Jahre später, bei einem Wiedersehen, signierten „Schimi“ und der Stadtvater das Foto. ❧

Nachwuchs auf vier Pfötchen

Es war ein Tag im Frühjahr 1986, der das Leben im Kleingartenverein Nord in Mülheim für eine lange Zeit prägen sollte. Ans genaue Datum kann sich niemand mehr erinnern, weil die Folgen damals noch nicht abzusehen waren. Hinterm Komposthaufen von Fritz Harderring hatte sich eine hochträchtige Katze verkrochen. Niemand wusste, wo diese Katze herkam. Sie war aber sehr gepflegt und zutraulich, so dass sie vermutlich nicht wild war und ein zu Hause gehabt hatte. „Wir hatten keine Erfahrung mit Katzen und waren ziemlich ratlos", sagt Harderring. Verscheuchen konnte der Kleingärtner die werdende Mutter in ihrem Zustand natürlich nicht. Aber was war zu tun? Harderring und seine Frau organisierten eine alte Brotkiste und legten eine Decke hinein. In der Hoffnung, dass die Katze dieses Angebot annehmen würde. Sie tat es, und nur Stunden später brachte sie in dieser Brotkiste sieben Junge zur Welt. Sechs überlebten.

Damit wurde das Problem aber nicht geringer. Ganz im Gegenteil. Was sollte Harderring mit sechs gerade geborenen Kätzchen anfangen? „Die Kleenen waren so drollig. Ans Ersäufen haben wir keine Sekunde gedacht", beteuert er. Schnell sprach sich im Stadtteil die Kunde vom Nachwuchs in der Kleingartenanlage herum. „Jeden Tag hatten wir 30 Besucher hier, das war wie in einem Taubenschlag", erinnert sich Harderring. Über Wochen gab es nur ein Gesprächsthema im Ort. Sogar der Pfarrer erwähnte auf der Kanzel in seiner Sonntagspredigt die Jungen und fragte in seiner Gemeinde herum, wer Interesse an einem Kätzchen habe. Mit Erfolg. Vier konnten, auch durch die Hilfe eines Catsitter-Clubs, in gute Hände vermittelt werden. Die übrigen beiden Kleinen und die Mutter bekamen von Harderrings Familie Namen, wurden sterilisiert und blieben in der Kleingartenanlage.

Fotos nächste Doppelseite: Fritz Harderring und sein Katzennachwuchs

„Eigentlich hatte ich für Katzen nie etwas übrig. Das hat sich dann aber schlagartig geändert“, erzählt Harderring. Auch viele der anderen Kleingärtner waren zunächst sehr skeptisch und von der Idee, dass die Katzen jetzt zum Verein dazu gehören sollten, gar nicht erbaut. „Die scheißen uns alles voll“, meckerten sie anfangs. Als sie aber merkten, dass es bald keine Mäuse, Ratten und Kaninchen mehr gab, drehte sich der Wind – und fortan alles um Mutter Mieze, Pitter und Maja (die später noch an einen Nachbarn vermittelt wurde). Hinzu kam, dass sich dem Charme der Vierbeiner niemand entziehen konnte. „Vor allem Pitter war unser heimlicher Vorsitzender“, so Harderring lachend. Wenn irgendwo etwas los war, war Pitter nicht weit. Bei jeder Vorstandssitzung hat er dabei gesessen. Harderring: „Er war so neugierig, musste immer alles mitkriegen. Jahrelang gab es keinen Streit, keine Feier, bei der Pitter nicht sein Näschen dabei hatte.“

2003 und 2004 sind die beiden Katzen im Abstand von ungefähr einem Jahr gestorben – im für Katzen stolzen Alter von etwa 18 Jahren. „Sie wurden verwöhnt, aber nicht verhätschelt, und hatten es sehr gut bei uns“, sagt Harderring, der Pitter und Mieze vermisst. Denn die beiden hatten das Leben der Kleingärtner fast zwei Jahrzehnte lang ein bisschen aufgemischt. Nun herrscht wieder Alltag im Kleingartenverein Nord in Mülheim.

Die Häuslebauer

In vielen Anlagen ist das selbst errichtete Vereinsheim der ganze Stolz der Kleingärtner. Mit Recht. Unzählige Stunden verbrachten sie auf dem Bau, gruben, mauerten, verputzten, verlegten Kabel – über Monate, manchmal sogar über Jahre. Natürlich alles unbezahlt! Was für eine Leistung!

Natürlich besaß der Kleingartenverein Am Folkenbornshof in Mülheim-Heißen Anfang der 1970-er Jahre auch ein eigenes Vereinsheim, und natürlich waren die Kleingärtner darauf auch stolz. Aber sie wollten mehr. Als die Anlage um 13 Gartenlauben auf 94 erweitert wurde, fassten die Frauen und Männer einen mutigen, ja geradezu tollkühnen Plan: Sie wollten neben das Vereinsheim ein eigenes Schwimmbad bauen. Der Hintergrund war, dass es in Heißen damals keine öffentliche Badeanstalt gab. So sollte das Schwimmbad nicht nur für die Kleingärtner sein, sondern auch für Nachbarn, Kinder, Schulen und Vereine im Stadtteil.

Das Schwimmbad wurde mit Restbeton gebaut. Immer wenn auf anderen Baustellen der Umgebung Beton übrig geblieben war, wurde es zum Folkenbornshof geliefert. Das war die preiswerteste Lösung. Der Nachteil: Der Beton war flüssig und musste sofort verarbeitet werden.

Das Bad entstand auf einer leichten Anhöhe. So konnte der Vorsitzende von allen Gärten aus gesehen werden. „Wenn er dort wie wahnsinnig winkte, hieß das für uns: Beton wurde wieder geliefert. Dann mussten wir sofort alles stehen und liegen lassen und sofort am Schwimmbad weiterbauen", erinnert sich Siegfried Raßloff*. Er gehörte zu den 13 Kleingärtnern, die mit der Vergrößerung der Anlage neu hinzukamen und die damals doppelte Arbeit leisteten: Von der Arbeit ging es am Nachmittag direkt in den Garten, um dort die eigene Hütte zu bauen und den Garten nutzbar zu machen. Und wenn der Vorsitzende rief, musste auch noch am Schwimmbad mit angepackt werden. „Oft malochten wir wochenlang bis in die Nacht. Und am nächsten Morgen mussten wir wieder fit auf der Arbeit erscheinen. Ich weiß gar nicht, wie wir das geschafft haben", wundert sich Raßloff heute.

Nach mehr als zwei Jahren Arbeit war es am 19. August 1972 endlich soweit: Das Schwimmbad wurde eingeweiht. Einen hauptamtlichen Bademeister brauchte der Kleingartenverein nicht einzustellen. Das Becken mit 1,50 Meter Tiefe wurde in seinen Maßen so geplant, dass nur eine ständige Aufsicht nötig war. Diese organisierten die Kleingärtner unter sich.

Damit könnte die Geschichte zu Ende sein. Doch eigentlich fängt sie an diesem Punkt erst richtig an. Denn einmal in Fahrt, sagten sich zwölf Kleingärtner vom KGV Am Folkenbornshof: Wenn wir uns ein eigenes Schwimmbad bauen können, können wir uns auch ein Haus bauen. „Meine Frau und ich haben drei Söhne. Eine adäquate Wohnung zu mieten kostete schon damals eine schöne Stange Geld", sagt Raßloff. Die anderen elf Kleingärtner hatten ebenfalls ein paar Kinder und sahen das für sich genauso. Also gingen sie zur Sozialen Wohnungsbau-Gesellschaft in Mülheim und trugen dem Direktor ihr Anliegen vor. Der fragte natürlich nach Kapital. Horst Büttner, der damalige Vorsitzende des Kleingartenvereins, schluckte. „Wir haben zwar kein Geld, aber Ideen. Und davon eine ganze Menge", sagte Büttner. Die waren offenbar so überzeugend, dass der Direktor nach kurzer Bedenkzeit der Bauträgerschaft zustimmte. Das 1,8-Millionen-Mark-Projekt konnte starten.

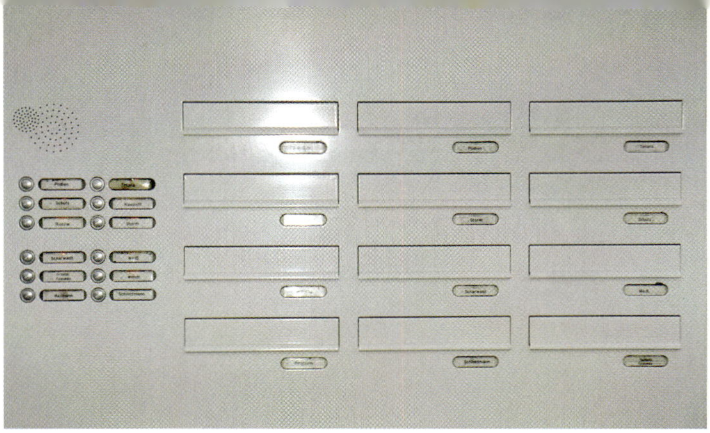

Die Häuslebauer (v.li.) vor ihren Wohnungstüren: Krimhilde Kolanowsky, Helga und Friedhelm Schlottmann …

Für den Rohbau, die Fassade und das Dach wurde eine Firma engagiert, den Rest erledigten die Kleingärtner in Eigenleistung. Raßloff: „Unter uns waren Elektriker, Schlosser, ein Maurer, ein Fliesenleger, ein Installateur. Die Eigenarbeit entsprach einem Gegenwert in einer Höhe von mehr als 200.000 Mark." Jede freie Minute wurde ins Haus gesteckt. Doch Aufwand und Mühe haben sich gelohnt. Im Sommer 1974 war das Haus bezugsfertig. Sechs Etagen, zwölf Wohnungen, jede 103 Quadratmeter groß. An der Front hat jede Wohnung einen Balkon, die Fassade ist mit Schiefern verkleidet. Ein bundesweit wohl einzigartiges Projekt von zwölf Kleingärtnern. Raßloff hat nie auch nur eine Sekunde bereut, zum Hausbesitzer geworden zu sein. „Das war eine gute Entscheidung. Wir haben eine tolle Gemeinschaft, jeder hilft jedem, auch wenn wir nur mit einer Familie dick befreundet sind."

Sechs der ursprünglich zwölf Parteien wohnen auch heute noch dort. Wie Raßloff und seine Frau. Raßloff schaut von seinem Balkon Richtung Kleingartenanlage. Dabei seufzt er leicht. „Die Geschichte mit dem Schwimmbad hat ein trauriges Ende genommen", erzählt er. Schon nach wenigen Jahren wurde es geschlossen. Nachdem die Stadt Mülheim in Heißen ein moderneres, größeres Schwimmbad gebaut hatte, gingen die Vereine und Schulklassen dorthin. Ohne die Fremdnutzer aber konnten die Kleingärtner den Unterhalt ihres Bades nicht mehr finanzieren. So wurde es geschlossen und die Hälfte des Baus vermietet – an eine Tanzschule. Die andere Hälfte blieb lange Zeit ungenutzt. Bis 1987 das Vereinsheim nieder brannte. Die Ursache wurde nie geklärt. Viele vermuteten, dass es Brandstiftung war, und zwar aus dem Umfeld des Kleingartenvereins. Beweisen ließ sich dieser Verdacht aber nicht. „Wir mussten uns damals entscheiden, ob wir neu bauen oder die freien Räume des alten Schwimmbades künftig als Vereinsheim nutzen", sagt Raßloff. Die Kleingärtner sprachen sich für letzteres aus – und damit auch fürs unwiderrufliche Ende des Bades.

* Siegfried Raßloff verstarb am 28. März 2006, kurz nach dem Gespräch, 71-jährig.

... Renate Raßloff, Gertrud Schulz und ihre Enkelin Christine sowie Anneliese Sturm.

Besuch aus Fernost

Hochrangige Vertreter aus der Volksrepublik China besuchten am 16. Juni 2000 Mülheim. Die 18-köpfige Delegation aus der Provinz Hunan war auf einer Rundreise durch Deutschland, um sich über die hiesige Landwirtschaft zu informieren. Dabei machten sie auch einen Abstecher in den Kleingartenverein Rennbahn. „Die waren ganz aufgeregt, als sie gesehen haben, dass auch Frauen im Garten arbeiten. Die sind gleich in die Gärten reingestürmt und haben sich fotografieren lassen", erinnert sich Toni Lorscheid amüsiert. Denn die Gäste waren ja durchweg „hohe Tiere" in ihrem Land: Finanzvorstände großer Unternehmen, Oberkreisdirektoren, und sogar der Landwirtschaftsminister von Hunan war dabei. Trotzdem empfand Lorscheid sie als „locker, freundlich und sehr höflich." Konkret wollten sich die ungewöhnlichen Gäste darüber informieren, wie das Kleingartenwesens organisiert ist, was im Bundeskleingartengesetz geregelt ist und wie sich die Vereine selbst verwalten. Obwohl die Verhältnisse nicht so einfach auf China übertragbar sind, machten sich die Gäste beim Gespräch im Vereinsheim eifrig Notizen. Nach einem Rundgang durch die Anlage verabschiedeten sich die Besucher wieder – selbstverständlich nicht, ohne sich vorher ausgiebig für die Gastfreundschaft bedankt und noch das eine oder andere Erinnerungsfoto geschossen zu haben.

Die Pioniere

Für Hilmar von den Bussche und Iska Schäfer war der Kleingarten nur die zweitbeste Lösung. Eigentlich suchten sie ein Haus mit Garten. In Essen, in der Nähe einer Haltestelle der S-Bahn-Linie 6. Das wäre günstig gewesen wegen der Fahrt zur Arbeit. Doch leider nicht im Preis. Denn die Linie führt durch die teueren Stadtteile wie Werden und Kettwig. „Das Haus wäre uns nicht so wichtig gewesen wie der Garten", sagt Hilmar von den Bussche. Jahrelang hatte das junge Ehepaar Gemüse auf dem Balkon und in großen Bottichen in der Hofeinfahrt bei Iskas Eltern gezogen. Diesen Zustand wollten die beiden vor vier Jahren ändern – nicht zuletzt auch deshalb, weil sie gerade Nachwuchs bekommen hatten.

Bei der Suche nach einer Alternative spielte der Zufall Regie. In der Mutter-Kind-Gruppe lernte Iska die Tochter des Vorsitzenden der Kleingartenanlage Trappenberg in Essen-Stadtwald kennen. Sie kamen ins Gespräch, irgendwie auch über Gärten, und kurze Zeit später standen Iska Schäfer und Hilmar von den Bussche in einem Kleingarten, der zu verpachten war – und sagten zu. Von den Bussche: „Der Vorteil hier ist: Viele Gärten sind nicht so geordnet, und gespritzt wird in der Regel auch nicht." Das kam den jungen Eltern sehr entgegen: Natur statt Gift. Außerdem braucht ein Kind einen Spiel- und keinen Zierrasen.

„Wir waren die ersten Pächter mit einem Kind und damit so etwas wie die Pioniere", erzählt von den Bussche. In der Zwischenzeit sind drei Familien mit insgesamt vier Kindern hinzugekommen – das entspricht immerhin rund zehn Prozent aller Pächter in der Anlage.

Aaron, der Sohn, ist inzwischen fünf Jahre alt. Langsam entwickelt auch er ein Interesse für den Garten. Im vergangenen Jahr hat er sich erstmals Blumensamen ausgesucht. „Sonnenblumen", sagt von den Bussche, „die ziehen bei Kindern immer." Die anderen Blumen seiner Wahl waren rot und gelb. „Das ging nur nach Farbe. Ich weiß selbst nicht, welche das waren", so von den Bussche. ❧

Männer und Frauen packen bei der Rodung kräftig mit an.

Bunte Gärten

Es ist ein Vorzeigeprojekt, das die Entwicklung im Ruhrgebiet widerspiegelt und die Offenheit des Kleingartenwesens dokumentieren soll. „Bunte Gärten Alte Kirchstraße" heißt der Kleingartenverein, der aus Eingebürgerten und Ausländern besteht – also Menschen mit nicht-deutschen, zumeist türkischen Wurzeln. Er wurde in Kooperation mit dem Essener Kleingarten-Stadtverband gegründet, unterstützt vom Stadtteilprojekt Katernberg.

Die 26 Parzellen von Bunte Gärten liegen direkt neben einer bestehenden Kleingartenanlage in Altenessen. Ein klassischer deutscher Kleingartenverein neben einem vorwiegend türkisch genutzten unter dem Dach eines Stadtverbandes – dies ist ein bundesweit einmaliges Experiment. Es soll zeigen, dass es funktionieren kann, die Traditionen zu verbinden: auf der einen Seite der klassische Kleingarten des Ruhrgebiets, auf der anderen Seite der typische türkische Garten, der weniger auf Freizeit ausgerichtet ist, sondern darauf, die Fläche optimal für den Gemüseanbau zu nutzen. Eines haben sie allerdings gemeinsam: Beide gelten als wichtiger Treffpunkt für Freunde und Familie. Der Kleingartenverein Bunte Gärten soll dazu beitragen, die soziale Situation im Essener Stadtteil Katernberg zu stabilisieren und das Miteinander von Deutschen und Einwanderern zu fördern. Die Vereinsmitglieder hatten alle schon einen eigenen Garten – allerdings Grabeland auf Gelsenkirchener Gebiet. Als ihnen die Stadt mitgeteilt hat, dass sie 2005 die Gärten nicht mehr nutzen dürfen, kam die Idee, einen Kleingartenverein zu gründen. Denn nur eine Dauerkleingartenanlage bietet Rechts- und Planungssicherheit.

Der Stadtverband der Kleingärtner in Essen konnte von dem Projekt schnell überzeugt werden. Er unterstützte den Verein Bunte Gärten und kaufte eine Fläche, die direkt an einen bestehenden Kleingartenanlage grenzte und an Bunte Gärten verpachtet wurde. Seit Anfang 2006 wird gerodet, und wenn nichts Unvorhergesehenes mehr dazwischenkommt, können die ersten Gärten schon in diesem Jahr bearbeitet werden.

KEIN
WINTERDIENS

Großes Foto: Gerhard Schröder pflanzt die „kugelförmige Kugelakazie". Oben links: Dem Kanzler werden Pommes mit Currywurst gereicht. Mitte: Vorfreude: Der Regierungschef und das große Glas Pils. Rechts: Zum Abschied bekam er ein Schalke-Trikot mit dem Namenszug „Acker" und der Nummer 1 überreicht. „Acker" ist der Spitzname des Hobbyfussballers Schröder.

Am Tag, als der Kanzler kam

Erst Walter Schönfeldt, dann Tony Blair. Auch ein Bundeskanzler muss Prioritäten setzen. Gerhard Schröder legte am 14. Juli 2004 auf dem Weg nach London einen Zwischenstopp in Gelsenkirchen ein und besuchte den Kleingartenverein Bismarckhain. Wie kam es dazu?

Walter Schönfeldt, damaliger Vereinsvorsitzender, hatte in der Arena auf Schalke zufällig einen Mitarbeiter Schröders, wie Schönfeldt eingefleischter Schalke-Fan, kennen gelernt. Weil im selben Jahr der Kleingartenverein Bismarckhain 70 Jahre alt wurde, fragte der Laubenpieper, ob es wohl möglich sei, dass der Kanzler zum Geburtstag vorbeikomme. Ein erster Kontakt war geknüpft.

Schönfeldt schrieb daraufhin einen Brief ans Kanzleramt. Keine Antwort. Doch er blieb hartnäckig. Immer wieder hakte er nach, fragte, was denn nun sei. Schließlich bekam er eine Zusage. Allerdings nicht zum Vereinsjubiläum, das passte nicht in den engen Zeitplan des Kanzlers, sondern zu einem späteren Termin.

Ein sattes Jahr mussten sich Schönfeldt und seine Kleingartenfreunde gedulden. Dann konnten sie endlich den prominenten Gast begrüßen. „Der Termin passte uns sehr gut. Wir hatten eine Woche vorher das Sommerfest. Da haben wir das Zelt gleich stehen lassen", erzählt Schönfeldt. Das mit dem Zelt war eine gute Idee. Denn am Tag, als der Kanzler kam, regnete es in Strömen.

Schon Wochen vor dem Besuch gab es eine ganze Reihe Gespräche mit Mitarbeitern des Kanzlers. Hauptthema: die Sicherheit. Welchen Fußweg nimmt Schröder? Was steht auf dem Programm? Wer darf ihm wie nahe kommen? Gerade letzteres erwies sich in der Realität als ganz unproblematisch.

Dann kam er. Umringt von vier bis fünf Bodyguards, Kameraleuten und Fotografen. Schröder zeigte sich umgänglich und gut gelaunt, blieb ab und zu stehen, hielt hier ein Pläuschchen und dort. Gewissermaßen unter Kollegen. Denn der Kanzler betonte, dass er direkt an seinem Haus in Hannover auch einen kleinen Garten habe. Ob er den damals aber wohl selbst bewirtschaftet hat? Inzwischen hat er sicherlich mehr Zeit ...

Und natürlich weiß ein Kanzler bei solchen Anlässen genau, was die Leute hören wollen. „Was ist schon London im Vergleich zu Gelsenkirchen?", fragte er schmunzelnd und erntete tosenden Beifall der vielen Hundert Schaulustigen. Mindestens sechs Fernsehteams aus ganz Deutschland seien auch da gewesen, schätzt Schönfeldt. So einen Rummel hatte der Kleingartenverein Bismarckhain in seinen 70 Jahren vorher noch nie erlebt. Auch der Kanzler hatte wohl mit einem solchen Andrang nicht gerechnet. Denn seine mitgebrachten Autogrammkarten reichten nicht. Am Ende musste er auf Bierdeckeln unterschreiben.

Im Zelt aß der Kanzler gemeinsam mit den Kleingärtnern Currywurst und Pommes. Dazu gab es leckeres, gekühltes Pils. Das war ganz nach dem Geschmack des Gastes, der zum Schluss noch eine Kugelakazie in der Anlage einpflanzte. Nach 40 Minuten musste er weiter. Nach London, Tony Blair wartete schon.

Etwas mehr als ein Jahr später, nach der vorgezogenen Bundestagswahl, griff Walter Schönfeldt zum Telefon und rief Schröder an. „Was macht mein Baum?", habe er als Erstes gefragt. Schönfeldt konnte dem frischen Polit-Pensionär Positives berichten. „Ihre Kugelakazie macht sich gut, sie wächst und gedeiht."

DWS
Nr. 1 in Fonds

Wattenscheider Dynastie

Nein, Liebe auf den ersten Blick war es wirklich nicht. Die fühlt sich anders an. Sogar wenn Friedhelm Schustek heute, mehr als 40 Jahre später, an seine Kindheit im Kleingarten der Großeltern zurückdenkt, verzieht er den Mund und rollt gleichzeitig mit den Augen. „Arbeit fällt mir da nur ein. Viel Arbeit“, sagt er. Und dass er immer habe mithelfen müssen. Obwohl er stattdessen viel lieber Fußball gespielt hätte.

Schusteks Einstellung zum Kleingarten hat sich komplett geändert. Dafür gibt es viele Gründe. Einer hat mit Verantwortung und Familienbewusstsein zu tun. Denn der Garten 119 in der Kleingartenanlage Centrum Morgensonne in Bochum-Wattenscheid befindet sich seit 1942 im Familienbesitz der Schusteks. So etwas wirft man nicht einfach weg wie einen alten Handschuh, wenn man vor der Entscheidung steht: übernehmen oder abstoßen. Natürlich übernahm Schustek den Garten 1991, als sein Vater starb.

Doch der Reihe nach. Erster Pächter war Friedhelms Großvater Fritz. Damals erhielten in der Anlage zunächst nur Bergleute einen Garten. Fritz war auf Centrum Morgenstern, einer Zeche in unmittelbarer Nähe zum Kleingartenverein, dem sie den Namen gab. Wie es damals üblich war, wurde der Garten zum Anbau von Gemüse und zur Haltung von etwa 15 Kaninchen und 25 Hühnern genutzt. Vor allem die Kleintiere machten Friedrich Schustek zu schaffen. „Mein Großvater als Bergmann und mein Vater als Schmelzer hatten Wechselschicht. Deshalb musste ich oft nach der Schule direkt in den Garten, um die Tiere zu füttern“, so Schustek. Im Sommer hieß das: für die Kaninchen Löwenzahn pflücken. Daran erinnert er sich noch genau. Und auch daran, was Kleingarten für ihn als Kind damals bedeutete: Tristesse. „Viele der alten Kleingärtner mochten uns nicht, wir mussten ruhig sein, durften nicht toben, und Spielplätze gab es auch nicht.“ Auch Gemeinschaftsleben habe damals nicht existiert, jedenfalls nicht so, wie wir es heute verstehen: mit Feiern und Grillen.

Als Fritz Schustek 1989 im Alter im Alter von 84 Jahren starb, übernahm dessen Sohn, der ebenfalls Friedhelm hieß, den Garten. Offiziell. Inoffiziell hatte er ihn schon zwölf Jahre lang vorher mitbewirtschaftet, weil Großvater Schustek nicht mehr fit genug war. Nach dem Tode Friedhelms zwei Jahre später – er wurde nur 62 Jahre alt – entschied sich dessen Sohn nach reiflicher Überlegung, den Garten zu behalten. Trotz der Auflage, die alte Laube und die Ställe abzureißen.

Gemütlich haben es sich Friedhelm und seine Frau Gabriele gemacht. In der neuen Laube und davor. Die Schusteks fühlen sich richtig wohl auf ihrer Scholle. Da stört auch die nahe A 40 nicht. „Irgendwann nimmt du die Autos nicht mehr wahr“, sagt Schustek. Längst hat er seine Prioritäten am Wochenende verlagert. „Früher bin ich lieber auf Schalke gegangen, heute ist der Garten mein Ein und Alles.“ Zehn Jahre, bis zur Pensionierung, will der Justizvollzugsbeamte ihn noch behalten. Was dann passiert, steht in den Sternen. „Wir fänden es schön, wenn unser Sohn Stefan in vierter Generation mal den Garten übernehmen würde“, sagt Gabriele Schustek.

Der allerdings wirkt eher lustlos und distanziert. Mit Freunden, erzählt seine Mutter, feiere der 20-Jährige gerne mal im Garten. „Sonst aber zeigt er noch wenig Interesse.“ Allerdings besteht kein Grund zur Beunruhigung: Mancher braucht eben länger, um die Vorzüge eines Kleingartens zu erkennen. Wer wüsste das nicht besser als Friedhelm Schustek.

Das einzige Foto, das alle vier Generationen der Schusteks zeigt (oben links). Als Friedhelm Schustek den Garten von seinem Vater 1991 übernahm, bekam er die Auflage, die alte Holzlaube (oben Mitte) und die Ställe daneben abzureißen. Zusammen mit Freunden und Verwandten baute er ein neues Häuschen (unten links), das im Sommer 1992 eingeweiht wurde.

Frischer Wind

Kraut & Rüben – der Name ist Programm. Der ökologische Kleingarten, der im März 1998 auf einst belastetem Brachland der Zeche Hannover in Bochum gegründet wurde, unterscheidet sich mit seiner naturbelassenen, wilden Anordnung deutlich von klassischen Kleingartenanlagen.

Die Wege sind großzügig angelegt, keine schmalen Gänge, die an hohen Hecken vorbeiführen. Man läuft auf gemulchten Baumrinden. Nicht einmal die Hälfte des 40.000 Quadratmeter großen Areal ist in Gartenparzellen eingeteilt, was Kraut & Rüben parkähnlich erscheinen lässt. Eine große Streuobstwiese, ein Feucht- und ein Trockenbiotop sowie ein Bienengarten werden von allen Gartenfreunden gemeinsam bearbeitet und genutzt.

Im vorderen Teil der Anlage steht ein Stall in Lehmbauweise, auf der eingezäunten Wiese daneben laufen Ziegen und Enten herum. Auch ein Schaf, das fast verhungert an einer Autobahnbrücke gefunden wurde, bekommt sein Gnadenbrot. „Die ersten drei Ziegen, die wir hier hatten, waren so verwöhnt, dass sie das Gras nur gemäht gefressen haben", blickt der Vereinsvorsitzende Dirk Münstermann schmunzelnd ein paar Jahre zurück.

In der Anlage gibt es 51 Gärten mit jeweils etwa 300 Quadratmeter Anbaufläche und einen Schulgarten. Die Begrenzungen der meisten Gärten sind aus Weidenzweigen geflochten und so hoch, dass man drüber schauen kann. Münstermann: „Das soll Offenheit zeigen, die zu unserem Programm gehört."

Die Gärten, so ist es im Pachtvertrag geregelt, müssen kleingärtnerisch genutzt werden. Dort steht auch, dass Zierrasenflächen nicht erlaubt sind. Die Pflanzen sollten heimisch sein und einen ökologischen Nutzen haben. Die 20 Laufenten in der Anlage bekämpfen die Schnecken auf biologische Weise. Denn natürlich sind alle chemischen Mittel verboten. Auch Kunststoffe sind eigentlich nicht erlaubt. Eine Ausnahme bilden die Regenfässer aus Plastik. Das hat praktische und finanzielle Gründe: Die Plastikfässer fassen mit 1000 Litern mehr als jedes Holzfass. Außerdem sind sie deutlich preiswerter.

Die Lauben in den Gärten dürfen, anders als im Bundeskleingartengesetz geregelt, nur 16 statt 24 Quadratmeter groß sein. Etliche sind begrünt, auch das Dach des 2003 gebauten Vereinsheims. Nirgendwo gibt es Strom, Gas oder Wasser. Wer Wasser braucht, muss es an einem der fünf Brunnen holen; so sind die Wasserstellen auch ein sozialer Treffpunkt.

Das Modell des ökologischen Wirtschaftens wirkt sehr attraktiv auf viele junge Familien. „Unsere Anlage kennt keine Nachwuchsprobleme", sagt Münstermann, selbst erst 37 Jahre alt und zweifacher Vater. „Wir bringen frischen Wind ins Kleingartenwesen." Ein Blick auf das Durchschnittalter der Gartenfreunde bestätigt das: Es liegt bei weniger als 40 Jahren. Der durchschnittliche Kleingärtner in Deutschland ist etwa 47 Jahre alt. Ungewöhnlich ist auch, dass es auf jeder Parzelle mindestens einen, oft sogar zwei Ernährer gibt. Und: Fast jedes Pächterpaar im Verein Kraut & Rüben hat Kinder: 72 insgesamt, davon 38 unter 14 Jahren. Münstermann: „Kinder haben hier Priorität: Es gibt keine Ruhezeiten, und niemand darf sich beschweren, wenn mal ein Kind schreiend in seinem Garten steht."

Die ökologische Dauerkleingartenanlage Kraut & Rüben war 1998 die erste dieser Art bundesweit. In den vergangenen Jahren haben sich viele umweltbewusste Kleingärtner aus ganz Deutschland dort informiert, und mittlerweile hat die Idee in vielen anderen Städten Nachahmer gefunden. Doch nicht nur auf die Vorreiterrolle können Münstermann & Co. stolz sein, sondern auch auf zahlreiche Auszeichnungen: Die wichtigste erhielt Kraut & Rüben 2002 mit dem renommierten ZDF-Preis muna (Mensch und Natur).

Abenteuerlustig: In der Anlage Kraut & Rüben gibt es für Kinder viel zu entdecken. Besonders interessant ist das Insektenhotel (Fotos oben). Rechts: Zierrasen verboten! In der Öko-Anlage wird Wildwuchs bevorzugt.

»Der Garten ist mein Jungbrunnen«

Für manchen ist der Kleingarten ein Rettungsanker, eine letzte Hoffnung, wenn durch einen Schicksalsschlag alles weg zu brechen droht. Wie für Adelheid Damm. Als ihr Mann 2001 starb, fiel sie in ein tiefes Loch. Trauer. Einsamkeit. Sinnlosigkeit. „Wir hatten ja alles zusammen gemacht. Auf einmal war da nur noch Leere", erzählt sie. Nie wieder, dachte Adelheid Damm damals, könne sie da wieder herauskommen. Für sie war es ein großes Glück, dass ihre Schwester Eva Koch sie vor der endgültigen Resignation auffing. Eva Koch besitzt in Bochum einen Kleingarten und dachte sich, dass dies doch eine schöne Aufgabe für ihre Schwester sein könnte. Anfängliche Zweifel waren bei Adelheid Damm verflogen, als im Sommer 2003 genau das Grundstück neben dem ihrer Schwester frei wurde. Die damals 69-Jährige sah das als ein Wink des Schicksals – und griff zu. Wahrscheinlich war das eine der wichtigsten Entscheidungen ihres Lebens, denn seitdem geht es wieder aufwärts.

Natürlich wusste Adelheid Damm anfangs nicht, wie man einen Garten bewirtschaftet. Aber sie hatte ja ihre Schwester zur Seite. Eva Koch, seit rund zwei Jahrzehnten begeisterte Kleingärtnerin, zeigte ihr, worauf zu achten ist. Welches Gemüse wie gepflanzt werden muss. Und Adelheid Damm eignete sich schnell alles an. Innerhalb kürzester Zeit war die Parzelle, die sie etwas verwildert übernommen hatte, tiptop in Schuss. Heute wachsen dort Möhren, Mangold, Zucchini, Salat, Kartoffeln und Kräuter wie Dill und Schnittlauch. „Ich genieße das tolle, gesunde Essen aus dem eigenen Garten", sagt die gelernte Arzthelferin mit Begeisterung. Und wenn es mal nichts zu tun gibt im Garten, geht sie mit ihrer Schwester in der großen Kleingartenanlage Ehrenfeld in Bochum spazieren. Oder sie sitzt vor ihrem alten Holzhäuschen und liest ein Buch. Jeden Tag, sagt sie, laufe sie die 30 Minuten von ihrer Wohnung in den Garten zu Fuß. Auch im Winter. Das hält fit.

Der Garten hat Adelheid Damm in einer schweren Zeit den Lebensmut zurückgegeben. „Er bedeutet mir einfach alles: Erholung, Urlaub, Arbeit. Er ist mein Jungbrunnen."

Schwestern und Nachbarinnen: Adelheid Damm (li.) und Eva Koch

Kinder-Garten

André Kupfer und Joanna Walter stehen für eine ganz neue Generation der Kleingärtner. Nicht die Ernte und auch nicht die Erholung haben für sie Vorrang. Nein, für den Feuerwehrmann und die Krankenpflegerin ist am wichtigsten, dass die Kinder sich völlig frei bewegen können. „In der Stadt musst du immer aufpassen und gucken, dass die Kinder nicht auf die Straße rennen. Hier können sie toben und die Natur erkunden", sagt André Kupfer, was für ihn und seine Frau der Grund war, sich 2004 einen Kleingarten in der Anlage Bochum-Riemke anzuschaffen.

Tatsächlich ist in dem rund 300 Quadratmeter großen Garten alles auf die Kinder ausgerichtet. Mitten auf dem Grundstück steht eine Rutsche, und überall liegt Spielzeug. Während der neunjährige Joel dem Papa schon fleißig hilft und heute Gehölz zum Schreddern reicht, düst die dreijährige Ally auf einem Plastik-Trecker über die Wiese. Alissa, die Kleinste, beobachtet mit großen Augen alles interessiert.

Wie viele junge Leute, die erst durch die eigenen Kinder zum Kleingarten gekommen sind, hatten auch André Kupfer und Joanna Walter keine Ahnung vom Anbau. Gott sei Dank gab es hilfsbereite Nachbarn. Den Rest haben sie sich angelesen. Fast etwas erstaunt über den eigenen Ernteerfolg im ersten Jahr zählen sie auf, was gekommen ist: Erdbeeren, Salat, Zucchini, Tomaten und Paprika.

Einige Rätsel aber sind geblieben. Wie der Apfelbaum zum Beispiel. „Den haben wir im vergangenen Herbst geschnitten, dabei aber wohl etwas falsch gemacht, denn dieses Jahr trug er nur einen Apfel", vermutet Kupfer. Seine Frau widerspricht ihm flugs. „Nee, ich habe mal irgendwo gelesen, dass das angeblich im ersten Jahr nach dem Beschnitt normal ist." André Kupfer zuckt lachend mit den Schultern. „Na, dann warten wir mal ab, wie viel er uns im nächsten Jahr beschert", sagt er lapidar. Und fügt nach einer kurzen Pause an: „Wir sind überhaupt ganz entspannt und stehen auf dem Standpunkt: Was kommt, kommt."

Unten: Joanna Walter und André Kupfer machen den Garten für den Winter bereit. Rechts: Während Alissa Spaß daran hat, die Großen zu beobachten, packt Ally schon feste mit an.

100
SCHALKER
JAHRE

Linke Seite: Manfred Ritter lässt es sich gutgehen auf seiner Parzelle in der Kleingartenanlage Am Hang in Essen-Frillendorf.

Kräfte messen

Wer hat die stärksten Kleingärtner im Stadtverband? Das fragen seit mehr als zehn Jahren die Herner und suchen die Antwort im Tauziehen.

Die Idee zu einem Wettkampf wurde im Kleingartenverein Horsthausen geboren. Der Vereinsvorsitzende Harry Reichel: „Wir wollten auf unserem Sommerfest mal etwas anderes bieten und forderten unseren Nachbarverein heraus. Wir dachten, das sei eine Gaudi." War es auch. Doch blieb das Aufeinandertreffen zwischen „Horsthausen" und „Im Stichkanal" zunächst einmalig. Erst zum 75-jährigen Vereinsjubiläum 1994 lebte die Idee wieder auf. „Unser Kassierer Theodor Schmidt stiftete privat einen Wanderpokal. Der hatte zwar viel Geld, war aber auch sehr sparsam", erzählt Reichel von den mühsamen und zunächst erfolglosen Versuchen, den Gartenfreund zu überreden, dafür ein bisschen was locker zu machen. Seitdem treffen sich sieben bis acht Herner Kleingartenvereine einmal im Jahr, um die stärksten Kleingärtner zu ermitteln.

Das ist keine pure Spaßveranstaltung. Mit Ernst und großem Engagement legen sich die Kleingärtner ins Zeug. Einmal sogar so sehr, dass das Tau gerissen ist.

Für den ausrichtenden Verein, der jedes Jahr ausgelost wird, ein lohnendes Geschäft: Einige Hundert Zuschauer feuern beim Kräftemessen an, so dass nicht nur die Akteure selbst hungrig und durstig sind. Auf eines ist deshalb jedes Jahr Verlass: Es wird immer ordentlich gegessen und getrunken.

Seit zwei Jahren ist das Tauziehen keine reine Männersache mehr. Auch die Frauen haben ihren eigenen Wettkampf. Theodor Schmidt hat diesen Akt der Gleichberechtigung nicht mehr mitbekommen: Bis kurz vor seinem Tod aktiver Kleingärtner, starb er 96-jährig. Doch der von ihm gestiftete Pott trägt weiter seinen Namen – Theodor-Schmidt-Wanderpokal. ❧

Mühle e.V

Kontaktbörse Kleingarten

Kleingärten sind für vieles gut. Sie bereichern mit ihrer Ernte den Tisch, schaffen Erholung und haben einen hohen Freizeitwert. Sie bilden einen Lebensraum, in dem sich Bekannte und Freunde kennen lernen. Und – manchmal dienen sie auch als eine Art Partnerbörse.

Thomas und Michaela Müller sind sich in der Kleingartenanlage Sorgenfrei in Wanne-Eickel zum ersten Mal über den Weg gelaufen. Liebe auf den ersten Blick war es nicht – wie auch? Die beiden waren ja noch Kinder. Ihre Eltern hatten beide in der Anlage einen Schrebergarten: die von Martina inzwischen seit 37 Jahren, die von Thomas sogar seit 47 Jahren. „Wir sind miteinander aufgewachsen. Nie hätte ich gedacht, dass ich Michaela mal heiraten würde", sagt Thomas Müller. Er klingt dabei immer noch ungläubig, wenn er drüber nachdenkt. Als wäre die Hochzeit erst gestern gewesen. Dabei sind die beiden schon seit 1989 ein Paar.

Selbst Anfang der 1980-er Jahre deutete noch nichts darauf hin, dass sie mal heiraten würden. „Wir waren in einer Jugend-Clique, die immer in der Anlage rumhing. 20 bis 25 Leute, und die Partner wechselten bunt", sagt Müller zwinkernd. Bis 1987, zumindest was Thomas und Michaela betrifft. Als die Liebe kam, waren die Wechselspielchen beendet.

Mittlerweile haben sie selbst zwei Kinder: Marcel (13) und Maurice (9). „Gerade als Jugendliche hatten wir es in der Anlage nicht einfach. Die Vereinswiese war unser Anlaufpunkt, und mit den Kleingärtnern gab es immer Ärger. ‚Mach nicht dies, mach nicht das, lass die Bäume in Ruhe, lauf nicht übers Feld.' Und so weiter", erzählt Müller, der Kleingärtner damals als furchtbar spießig empfand. Irgendwann einen eigenen Kleingarten besitzen? Um Gottes Willen! Das war nie sein Traum. Mit der Ehefrau, vor allem aber mit den eigenen Kindern änderte sich das. „Es rücken dann andere Dinge in den Mittelpunkt, Prioritäten verschieben sich", erklärt Müller den Wandel. Dann ist es auf einmal wichtig, dass die Kinder einen Platz haben zum Spielen und Toben. Und dass man mit Freunden mal in Ruhe sitzen und feiern kann. Das geht natürlich nicht im Garten der Eltern. „Aber vor allem wegen der Kinder haben wir uns den angeschafft", betont er noch einmal. Denn der größte Unterschied zwischen damals, als Müller selbst Kind war in der Kleingartenanlage, und heute: „Es ist heutzutage alles viel kinderfreundlicher."

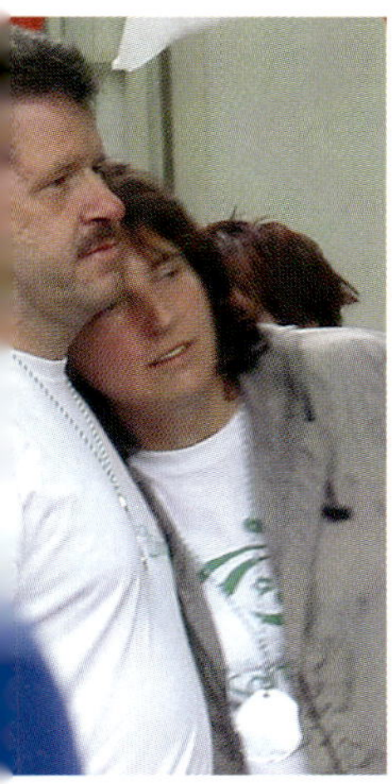

Oben, von links: Thomas (li.) und Michaela (Mitte) bei einem Kinderfest in den 1970-er Jahren. Michaela (hinten) mit zwei Freunden. Thomas mit seinem Fahrrad. Mitte: Eines der wenigen aktuellen Fotos von Thomas und Michaela. Darunter: Der ganz junge Thomas in der Gartenanlage. Großes Foto: Thomas (li.), seine Schwester Annette (re.) und Spielkameraden.

50 Jahre unentdeckt

Es war Ende der 1990-er Jahre, als städtische Beamte von Castrop-Rauxel an die östliche Stadtgrenze kamen. Sie wollten sich dort den Verlauf des Pannekampgrabens, der renaturiert werden sollte, genau ansehen. Doch was sie vorfanden, konnten sie nicht glauben. „Um Gottes Willen, hier gibt es ja Siedler", sollen sie völlig überrascht ausgerufen haben. Damit kam eine Geschichte mitten aus dem Ruhrgebiet ans Licht, die so absurd ist, dass sie sich kein noch so phantasievoller Romanautor hätte ausdenken können. Sage und schreibe 50 Jahre lang war den Verwaltungen von Herne und Castrop-Rauxel an der gemeinsamen Stadtgrenze eine Grabeland-Siedlung verborgen geblieben – mit Gartenhäuschen, Nutzgärten und Lebensraum für selten gewordene Vogelarten.

Die Anwohner im Emscherbruch hatten sich nach dem Krieg ein Stück freies Land in ihrem Wohngebiet einverleibt. Land, das erst einem Bauern und später der Veba gehörte, aber offenbar niemand benötigte und in den folgenden Jahrzehnten für sich beanspruchte. 68 Gärten entstanden, und die Gründer gaben das Land wie selbstverständlich an ihre Nachfahren weiter. Irgendwann wurde eine unkonventionelle Vereinbarung mit der Veba geschlossen. „Alle zwei Jahre kam von denen mal jemand vorbei und guckte nach, ob alles okay ist", erzählt Lothar Richter, der selbst einen der „wilden" Gärten besaß. Eine einzigartige ökologische Insel entstand auf dem Grabeland im Laufe der Zeit der Zeit, umschlossen von Giftschleudern wie Stahlwerken, Zechen und Kokereien. Die Kleingärtner lebten friedlich, einige hielten sich Schweine oder Kaninchen, andere beschränkten sich darauf, Obst und Gemüse anzubauen. Bis die Beamten der Stadt Castrop-Rauxel kamen und ihre bürokratische Maschinerie in Gang setzten.

Raimund Polaschek bei der Gartenarbeit

Die Stadt bestand darauf, dass die Veba das Land an sie verkaufte. Das finanzielle Angebot war offenbar so gut, dass den Kleingärtnern, die nur eine kleine Pacht abdrückten, gekündigt wurde. „Wir hatten 84 Jahre alte Gartenfreunde, die von Beginn an dabei waren und denen ohne ein Gespräch der Stuhl vors Gartentor gesetzt wurde", sagt Richter immer noch verärgert. „Einige wollten sich anfangs das Leben nehmen." Doch dann entschieden sich alle dafür, um ihre Gärten zu kämpfen. Ein Kampf, der nach rund vier Jahren nur teilweise gewonnen wurde.

Am 5. Oktober 2003 übergab die Stadt Castrop-Rauxel der gegründeten Kleingartenanlage Pannekampgraben 35 Gärten. Jeder zweite Pächter musste also sein Stück Land für die Renaturierung des Bachs abgeben. Sie hatten zwar an anderer Stelle Ersatzgärten angeboten bekommen, lehnten aber ab. Mit 75 oder 80 Jahren will eben niemand mehr von vorne anfangen müssen.

Lothar Richter ist der Vorsitzende der Anlage. Auch wenn es natürlich Vorteile hat, wie etwa die dauerhafte Planungssicherheit, bedauert er die Entwicklung zu einem ordentlichen Verein. „Die Stadt als neue Eigentümerin des Grundstücks hatte darauf bestanden. Für uns aber haben die Vereinsstrukturen vieles erschwert. Früher war es unkomplizierter, da konnte jeder machen, was er wollte. Wenn es andere betraf, reichten Absprachen, an die sich jeder hielt. Insgesamt war der soziale Zusammenhalt viel besser", beklagt Richter.

Raimund und Erika Polaschek spielen an einem heißen Sommertag im Schatten ihrer Laube.

Auf dem Weg zu einer „ordentlichen" Kleingartenanlage mussten auch die Lauben erneuert werden.

Aydin Hacer vor einem anatolischen Backofen in ihrem Garten.

Der Tüftler

Gäbe es unter Laubenpiepern einen Wettbewerb um die interessanteste Erfindung im Garten, wäre Hans-Jürgen Schwarz ein ganz heißer Kandidat. Der Hobby-Tüftler aus der Anlage in der Ried in Herten-Scherlebeck hat sich in den 1990-er Jahren einen Schlammsauger gebastelt, mit dem er seinen Teich von Fischkot befreit und gleichzeitig den Garten düngt.

25 Jahre ins Jahro 1980 zurück. Damals, sagt Schwarz, sei er der erste Kleingärtner in der Anlage gewesen, der sich einen Tümpel angelegt hatte. Nach ökologischen Gesichtspunkten, alles mit fachmännischer Beratung, versteht sich.

Irgendwann stellte Schwarz fest, dass die Algen mehr wurden und das Wasser sich grünlich trübte. Er erkundigte sich, wie andere Teichbesitzer damit umgingen. Sie fingen von Zeit zu Zeit die Fische, leerten den Teich mühsam, reinigten die Folie aufwändig und ließen frisches Wasser wieder ein. Regelmäßig eine solche Prozedur – vor dem Gedanken gruselte es Schwarz. „Das Problem muss einfacher zu lösen sein", fand er und dachte nach. Gemeinsam mit seiner Frau betrieb er in Gelsenkirchen-Buer eine Textilreinigung. Dort hatte er mit einigen Pumpensystemen zu tun. Und so kam ihm die Idee. Er rüstete eine alte Schmutzwasserpumpe um, indem er ein Loch hineinbohrte und einen Gartenschlauch daran befestigte. Am anderen Ende des Schlauchs, wo er später zur Feinjustierung die Tülle einer Gießkanne draufsetzt, saugt Schwarz mit dem Mund das Wasser an. Es dauert nur Sekunden, und schon läuft der Schlick mit Algen und Fischsekreten – direkt aufs Feld und in die Beete, wo er versickert. „Was meine rund 50 Goldfische im Teich fressen und ausscheiden, kann für den Menschen nicht schädlich sein", denkt sich Schwarz.

Das Experiment sei geglückt, ist er sich sicher: „Seit ich regelmäßig mit dem Tümpelwasser dünge, ist mein Garten viel ertragreicher. Gemüse und Obst sind viel schmackhafter geworden." Und, auch davon ist er überzeugt, gesünder. Im Sommer verputzt er frische Himbeeren, Erdbeeren und Brombeeren kiloweise. Berufsbedingt habe er immer schlechte Leberwerte gehabt, so Schwarz. „Die haben sich kontinuierlich verbessert." Wissenschaftlich ist das alles nicht belegt. Aber das stört Schwarz nicht. „Ich sehe den Erfolg im Garten, ich merke, dass es mir besser geht, fühle mich körperlich so wohl wie noch nie – das reicht mir."

Mehr als nur nette Nachbarn

„In diesem Haus befinden sich keine Lebenden, die sterben, sondern Sterbende, die leben."

Dieser Satz geht Else Ligocki nicht mehr aus dem Kopf. Gehört hat sie ihn vor fast zehn Jahren zum ersten Mal, 1997, im Hospiz zum Heiligen Franziskus in Recklinghausen. Damals besuchte Ligocki mit der Frauengruppe des Kleingarten-Bezirksverbands Recklinghausen die Einrichtung, in der schwer an Krebs erkrankte Menschen in den Tod begleitet werden. „Die Begegnungen hinterließen bei uns einen tiefen Eindruck. Wir wussten sofort, dass es wichtig ist, ein solches Haus zu unterstützen", erzählt Else Ligocki, stellvertretende Vorsitzende des Kleingarten-Bezirksverbands Recklinghausen, nachdenklich.

Die Frauen entschieden, so schnell wie möglich eine Veranstaltung zugunsten des Hospiz, das nur zweihundert Meter vom Bezirksbüro der Kleingärtner entfernt liegt, auszurichten. Dort verkauften sie Kaffee und selbst gebackenen Kuchen. Das meiste Geld aber kam durch eine Tombola zusammen: Edle Handarbeiten, in Hardanger-Technik von den Frauen gestickt, wurden verlost. Der Erlös lag bei 1000 Mark. Eine Menge Geld, zumal das Hospiz sich neben Zahlungen aus der Pflegeversicherung komplett aus Spenden finanzieren muss.

Der große Zuspruch aus der Bevölkerung beflügelte die Frauen, und sie veranstalten seitdem jedes Jahr eine große Tombola. Die Einnahmen konnten im Laufe der Zeit sogar gesteigert werden, sie liegen inzwischen bei 700 Euro. „Wie viel Zeit und Mühe wir für diese Arbeit schon geopfert haben, lässt sich nicht in Euro und Cent aufrechnen. Für uns ist es eine Freude, daran mitzuwirken, dass den Sterbenden ein würdiges Lebensende ermöglicht wird", sagt Else Ligocki. Und ergänzt nach kurzem Nachdenken: „Gute Nachbarn sind eben nicht nur Leute von nebenan."

Else Ligocki (li.) bei der Geldübergabe an Schwester Hildegard (re.). Tragisch: Die engagierte Helferin des Hospiz ist inzwischen selbst an Krebs verstorben.

Linke Seite: Erich Schwarz aus dem Kleingartenverein Bolmketal in Dortmund beim Setzen der Blumenzwiebeln.

Der kurze Weg ins große Glück

Luise Schick kann sich glücklich schätzen. Ihr Weg in den Kleingarten ist kurz. Sehr kurz. Sie muss nur einen Fuß vor ihre Haustür setzen, schon steht sie mitten drin. Luise Schick wohnt in ihrem Kleingarten, und das ganz legal. Denn sie gehört einer kleinen Minderheit an: Vermutlich kaum mehr als drei Dutzend Kleingärtner im gesamten Ruhrgebiet genießen das Recht, in ihrem Häuschen in der Kleingartenanlage zu wohnen. Diese Regelung datiert aus der Nachkriegszeit. Damals herrschte große Wohnungsnot, und so wurde den Kleingärtnern erlaubt, ihre Lauben aus- oder wieder aufzubauen und vorübergehend als Behelfsheime zu nutzen. Später wurde ihnen genehmigt, dort dauerhaft zu wohnen. Dieses Wohnrecht fällt allerdings bei Neuverpachtung des Gartens weg.

Ein Schild mit der Aufschrift „Willkommen" an der Hausfront begrüßt den Gast. Das Heim von Luise Schick ist klein, schätzungsweise 50 Quadratmeter. Für eine Person völlig ausreichend. Es ist aber bei den heutigen Ansprüchen kaum vorstellbar, dass dort mal vier Personen lebten: Luise Schick, ihr Mann und dessen Eltern, bei denen ursprünglich das Wohnrecht auf Lebenszeit lag. Aber als die Schwiegermutter schwer erkrankte, wurde das Wohnrecht auf Luise Schick übertragen, weil sie sie jahrelang pflegte. Ein absoluter Ausnahmefall, der auf kommunaler Kulanz beruht. Luise Schick, Jahrgang 1932, dürfte deshalb wohl die jüngste Bewohnerin in einer Kleingartenanlage sein.

Die gebürtige Sauerländerin hat sich ihr Zuhause gemütlich eingerichtet. An den Wänden im Wohnzimmer hängen viele Fotos, die meisten von ihrem fünfjährigen Enkelsohn Jonas. „Ungefähr alle zwei Wochen kommt er mich besuchen. Dann will er immer zuerst die Blumen gießen", sagt Luise Schick. „Bei der Oma im Garten – das ist für ein Stadtkind etwas ganz Besonderes."

Der Garten von Luise Schick ist mit rund 800 Quadratmetern überdurchschnittlich groß. Ob Kartoffeln, Bohnen, Erbsen, Zuckererbsen, Grünkohl, Salat oder Kohlrabi – kein Problem für die rüstige Dame, die alles noch selbst bewältigt. „Früher haben wir Gemüse angebaut, weil es im Geschäft knapp und teuer war. Heute mache ich das wegen des Geschmacks", erzählt sie. Supermarkt-Gemüse kann sie nichts abgewinnen. „Das hat kein Aroma. Und wenn mich der Salatkopf im Regal schon so giftgrün anguckt ... " Allein bei dem Gedanken muss sie sich schütteln.

Im Frühling und Sommer ist es sicherlich ein Traum, mitten in der Natur zu leben. Dann öffnet Luise Schick morgens schon nach dem Aufstehen die Haustür und macht sie den ganzen Tag nicht mehr zu.

Doch auch die dunkleren Monate machen ihr nichts aus. Wenn die Nachbargärten winterfest und ausgestorben sind, es schon um 16 Uhr dämmert, wenn es neblig ist und regnerisch, zieht sie sich ins Häuschen zurück. „Dann mache ich Handarbeit, sitze oft am Fenster und beobachte die Vögel, wie sie sich zanken. Ich bin gerne allein", sagt sie. „Die Ruhe ist toll. Die meisten Menschen wissen doch gar nicht, was die Natur auch im Winter zu bieten hat." Luise Schick weiß das. Deshalb ist sie geradezu empört, wenn sie gefragt wird, ob sie sich ein Leben außerhalb ihres Kleingartens vorstellen kann. „Um Himmels willen! Niemals!", sagt sie so laut und vehement, dass an ihrem Vorhaben niemand zweifeln sollte: „Ich ziehe nur noch einmal in meinem Leben um. Auf den Friedhof."

68a

Ein Mann der ersten Stunde

In der Anlage Castrop-Rauxel Nord begegnen wir auch Fritz Klagge. Er ist ein Urgestein, eines von fünf Ehrenmitgliedern, ein Mann der ersten Jahre. Zwar hatte er sich erst nach dem Krieg um einen Garten beworben, doch schon die Vereinsgründung konnte er als zehnjähriger Junge beobachten. Er wuchs schräg gegenüber der Anlage, auf der anderen Straßenseite, bei einer Tante auf. „Wo heute die Kleingärten liegen, befand sich mal der Fußballplatz der Kommunisten. Kaum aber hatten die Nazis in der Stadt die Mehrheit, machten sie ihn 1932 mit einem Pflug platt", erinnert sich Klagge. Der Kleingartenverein wurde gegründet, und von seinem Fenster aus konnte Klagge sogar den Garten sehen, der ihm viele Jahre später einmal selbst gehören sollte.

Mehr als 30 Jahre lang besaß der ehemalige Huf- und Wagenschmied diesen Garten. Dann, 1982, gab er ihn auf – nicht ganz freiwillig. Klagge hatte einen schweren Herzinfarkt erlitten und musste etwas kürzer treten. Zuletzt hatte er zwei Kleingärten gepflegt: seinen eigenen und den seiner neuen Lebensgefährtin, die, wie Klagge, den Ehepartner durch Tod verloren hatte. Ein gemeinsamer Garten musste künftig reichen.

Diesen Kleingarten bewirtschaftet Klagge heute immer noch. „Lange werde ich das aber nicht mehr schaffen, wohl nur noch dieses Jahr", vermutet er. Weil ihre vier Söhne keinen Bezug zum Kleingarten haben, wird Klagges Partnerin den Garten kündigen. Damit schließt sich ein fast sechs Jahrzehnte währendes Kapitel für Fritz Klagge. Ein trauriger Tag wird das sein. „Aber was will man machen", sagt Klagge und zuckt mit den Schultern. Es ist ja kein endgültiger Abschied. Als Ehrenmitglied bleibt er dem Verein erhalten. ❧

Oben: Fritz Klagge (Jahrgang 1922) als fescher junger Mann in den 1940-er Jahren.

Oben links und unten links: die Laube vor dem Ausbau des Daches und während des Ausbaus. Oben rechts: Der Garten mit der Nummer 31 gehörte Klagge bis 1982. Darunter ein Foto aus den 1960-er Jahren: rechts seine Ehefrau Hildegard, links seine Schwägerin und in der Mitte die Schwiegermutter.

»Guten Morgen, Tomaten«

Eigentlich ist Tim Weinert kein Typ für einen Schrebergarten. Oder besser gesagt: Er *war* kein Typ für einen Schrebergarten. Bis Emilia 2003 geboren wurde und das Leben des jungen Vaters auf den Kopf stellte. Aus diesem veränderten Blickwinkel sah er plötzlich viele Dinge anders. Auch das Kleingartenwesen, das er seit eigener Kindheit gut kannte: Denn zwei Tanten besaßen einen Garten in der Kleingartenanlage Nord in Castrop-Rauxel.

Immer wenn das Wetter schön war, zog es die große Familie mütterlicherseits hinaus ins Grüne. Daher wusste Tim, was es bedeutet, einen Garten zu haben. „Vor allem sehr viel Arbeit", sagt er seufzend. Trotzdem nahm er das Angebot einer der beiden Tanten an, die für ihre 700 Quadratmeter große Parzelle nach 15 Jahren einen Nachfolger suchte. Wegen Emilia. „Du musst dir nur den Zustand der Spielplätze ansehen. Dort sollte meine Tochter nicht spielen müssen", begründet der 29-Jährige.

Tim Weinerts erste Handlung im eigenen Garten: Er baute einen großen Grill auf die Terrasse. Damit hat er den Freunden den Wind aus den Segeln genommen. Denn als die hörten, dass Tim nun einen Schrebergarten besitzt, haben sie gelacht. Anfangs. „Das war denen zu spießig", sagt Weinert schmunzelnd. Inzwischen lacht von den Freunden keiner mehr. Stattdessen sitzen sie an Wochenenden und lauen Sommerabenden selbst in Tims Garten.

Natürlich haben Tim und seine Frau Miriam den Garten auch kindergerecht umgestaltet. Der Fischteich wäre zu gefährlich gewesen für Emilia. Er wurde deshalb leer gepumpt und zum Spielen mit Sand aufgefüllt. Neben der Laube hatte Tims Tante ein großes Feld mit Rosen angelegt. Wahrlich nichts für Emilia. Jetzt stehen dort eine Rutsche und eine große Schaukel.

Doch Emilia schätzt nicht nur die vielen Spielmöglichkeiten. Mit großer Freude sieht sie, wie das Gemüse wächst. „Sie kann schon fast alle Sorten unterscheiden. Als Erstes will sie immer ins Gewächshaus und die Pflanzen begrüßen. Dann sagt sie: 'Guten Morgen, Tomaten' und 'Guten Morgen, Gurken'", erzählt Tim. Auch Miriam ist zufrieden. „Emilia hat morgens noch nicht richtig die Augen auf, da fragt sie schon, ob wir gleich in den Garten gehen." Für sie und Tim ist das die schönste Bestätigung, dass ihre Entscheidung für den Garten goldrichtig war. ❧

Eberhard Giebel und seine Frau Pakize bei der gemeinsamen Kartoffelernte in der Kleingartenanlage Am grünen Entenpoth in Dortmund. Oben rechts: Pakize Giebel vor dem Gewächshaus, in dem sie Tomaten züchtet.

OESCH

GGS IN DER Vöde
Schulgarten
LEINGARTENVEREIN ROTTMANNSHOF

Karina in der Kleingartenanlage Am Frankenfeld in Moers.

Blaue Jungs

Donnerstag, 18 Uhr. Gesangsprobe in der alten Feuerwache in der Wittener Innenstadt. Durch das offene Fenster im ersten Stockwerk ist „Auf der Reeperbahn nachts um halb eins“ bis weit auf den Parkplatz zu hören. Mehr als 20 Männer und eine Frau schmettern Seemannslieder aus ihren mit Bier geölten Kehlen. Ein Shanty-Chor im Ruhrgebiet, hervorgegangen aus einem Kleingartenverein – das dürfte einmalig sein.

1982 war es, als sich zehn Kleingärtner der Anlage Sonnenschein in Witten für einen Auftritt auf dem Oktoberfest des Bayrischen Folklorevereins in Dortmund zusammentaten. Ein schöner Scherz. Denn sie sollten auf dem Fest den Norden repräsentieren, und so übten sie drei Lieder von der See und der Waterkant ein. Womit niemand gerechnet hatte: Das Publikum tobte, skandierte „Zugabe, Zugabe". Doch das war leichter gefordert als getan – bei einem Repertoire von nur drei Liedern. Waren die gesungen, ging es wieder von vorne los.

Von ihrem Erfolg überrascht, kauften sich die zehn Blauen Jungs aus dem Ruhrpott erst einmal ein Büchlein mit Seemannsliedern und gründeten offiziell den Shanty-Chor Witten Sonnenschein. Spätestens da war klar: Es sollten weitere Auftritte folgen.

Und was für Auftritte! Beim Tag der Chöre auf der Bundesgartenschau in Gelsenkirchen 1997, als einziger Shanty-Chor Deutschlands auf dem größten Chor-Festival Europas in Limburg an der Lahn 1999, Teilnehmer beim 21. Festival der Chöre in Tczew in Polen 2000, und – ausgewählt als einer von sechs aus mehr als 50 Shanty-Chören – beim großen Maritimen Abend in Cuxhaven. Und und und. Nicht zu vergessen die vielen Auftritte im Hörfunk und Fernsehen des WDR.

Im Laufe der Jahre ist der Shanty-Chor auf rund 40 Sänger angewachsen. Außerdem hat er sich vier Akkordeons, zwei Mundharmonikas, je eine Bass- und Konzertgitarre, ein Schlagzeug sowie eine Verstärkeranlage angeschafft. Verloren hat er aber auch etwas – den Beinamen „Sonnenschein". Der Chor musste sich öffnen. Denn ausreichend Nachwuchs konnte allein aus dem Kleingärtner-Milieu der Anlage Sonnenschein nicht mehr gewonnen werden. „Wir kennen aber unseren Ursprung und werden ihn auch nicht vergessen", sagt der heutige Chorleiter Helmut Bartoniczek, selbst langjähriger Kleingärtner.

Bartoniczek hat den Chor professionalisiert, und internationale Auftritte haben den Ehrgeiz der Hobby-Sänger geweckt. Der Lohn ist Anerkennung – auch von prominenter Seite: In der Festschrift zum 20-jährigen Bestehen des Chors 2002 übermittelt Sänger-Kollege Günter Wewel handschriftlich die besten Wünsche.

Peter Gießler züchtet in der Kleingartenanlage Bonnekampshöhe in Essen schon so lange Hühner, dass er eine Art Gewohnheitsrecht besitzt. Denn normalerweise ist die Kleintierzucht nicht gestattet. Gießlers besonderer Stolz ist dieses Exemplar der Rasse deutsches Zwerghuhn orangehalsig.

Junges Gemüse

Jedes Ende bietet die Chance für einen Anfang. Das dachten sich die Gartenfreunde in der Kleingartenanlage Zur Lenteninsel in Dortmund-Körne, nachdem Vandalen einen ihren Gärten komplett zerstört und die Laube angezündet hatten. Ein großer Schock für den Pächter: Über Nacht verlor er in Minuten, was er in jahrelanger Arbeit aufgebaut hatte. Nichts war heil geblieben, er hätte noch einmal ganz von vorne anfangen müssen. Doch diesen Aufwand scheute er und kündigte den Garten.

Die Neuverpachtung gestaltete sich schwierig. Zwar war der Wert der 245 Quadratmeter großen Parzelle auf nur 900 Euro geschätzt worden, was den Garten erschwinglich gemacht hätte. Doch hätte ein neuer Gartenfreund erst einmal kräftig in eine neue Hütte investieren müssen. Da kam dem inzwischen verstorbenen stellvertretenden Vereinsvorsitzenden Harry Kremer die rettende Idee: Warum aus dem Garten kein „Klassenzimmer im Grünen" herrichten? Die Nachwuchsförderung kann schließlich nicht früh genug begonnen werden.

Über seine Enkelin Lina nahm Kremer Kontakt zur Lehrerin Gudrun Weigt von der nur fünf Minuten entfernt gelegenen Berswordt-Grundschule auf – und stieß mit seinem Vorhaben

Links: Ex-Gartenfachberater Günter Henke gibt (v. li.) Leoni, Max und Marcel wichtige Tipps.
Mitte und rechts: Die Kinder im Herbst bei der Apfelernte. Tobias verarbeitet mit einer Presse die Äpfel zu Apfelsaft. Für manche war es wie ein kleines Wunder: Der Apfel, der eben noch am Baum hing, kann nur Minuten später, von Lehrerin Gudrun Weigt eingeschenkt, als Saft getrunken werden. Und: Natürlich schmeckt er frisch gepresst viel leckerer als jeder gekaufte.

auf offene Ohren. „Ein Super-Projekt. Das ist genau das Richtige, um den Stadtkindern die Natur nahe zu bringen", war sie sofort begeistert. Auch ihren Kollegen gefiel die Idee, und so stimmte auch die Lehrerkonferenz zu.

Als der Garten neu geordnet und eine Laube errichtet wurde, waren viele helfende Hände zur Stelle. Die Bezirksvertretung Innenstadt-Ost, der Stadtverband und der Schulförderverein unterstützten das Projekt mit Geld, zwei Firmen mit Sachspenden. Anschließend bauten Eltern, Gartenfreunde, ein Ein-Euro-Jobber und die Kinder selbst in wenigen Wochen aus dem verwüsteten Land eine kindergerechte Anlage. Seit Frühjahr 2004 wird sie nun kleingärtnerisch von mehreren Klassen der Grundschule bewirtschaftet. „Die Begeisterung bei den Kleinen ist enorm", erzählt die Vereinsvorsitzende Margot Kluge.

Das Ausbuddeln der Kartoffeln ist wie eine Schatzsuche, bei jedem Fund wird stolz gejubelt. Je größer die Kartoffel, desto lauter. Und am Ende wird der Ernte-Erfolg akribisch genau gezählt: 394 waren es im ersten Jahr. Die Kartoffeln wurden natürlich gemeinsam verputzt – als Pellkartoffeln. Dazu gab es selbst gemachte Kräuterbutter mit Kräutern aus dem eigenen Kräutergärtchen. „Die Kinder haben mittlerweile ein ganz andere Verhältnis zur Natur. Es schreit niemand mehr ‚Igitt, ein Regenwurm!' Der Ekel ist weg", sagt Gudrun Weigt. Ins Gartentagebuch werde mit Freude vermerkt, wenn mal wieder im Komposthaufen eine Wurm-Familie gefunden worden sei, erzählt die junge Lehrerin, der anzumerken ist, mit welchem Enthusiasmus sie selbst bei der Sache ist. Sie leitet die Garten AG der Schule, und ohne ihr großes Engagement auch in der Freizeit wäre das Projekt nicht möglich gewesen.

Die Kleingärtner haben die jungen Gartenfreunde mit offenen Armen empfangen. Mitten im Schulgarten steht eine Holzbank – gebaut von den Kleingärtnern.

Natürlich wird es auch mal laut, so sind Kinder nun einmal. Streit gibt es deshalb aber nicht. „Von dem Projekt lernen Kinder und ältere Erwachsene gleichermaßen – vor allem gegenseitige Toleranz", sagt Gudrun Weigt, und Margot Kluge nickt. Sie hat es nicht bereut, dass der Verein vor zwei Jahren aus der Not eine Jugend gemacht hat.

Linke Seite: Lina (li.) schiebt Nina in einer Karre durch die Anlage. Über Linas Großvater, der selbst Kleingärtner war, kam der Kontakt zur Schule zustande.

Nanu, wer singt denn d

m Garten?

Eine nicht alltägliche Besucherin konnten die Kleingärtner in Dortmund-Dorstfeld im Oktober 2004 begrüßen: Maegie Koreen sang im Vereinsheim des KGV Im Wiesengrund Lieder von Claire Waldoff. Die legendäre Volkssängerin wäre wenige Tage vorher 120 Jahre alt geworden. Ein wunderbarer Anlass für die Emschergenossenschaft, in Kooperation mit der mommenta, die jedes Jahr zu Konzerten an ungewöhnlichen Orten in Dortmund einlädt, für einen Abend die Zeit zurückzudrehen.

Viele Kleingärten liegen entlang der Emscher, die von den Schrebergärtnern jahrzehntelang nur „Kleene Schwatte" genannt wurde – teils liebevoll, weil sie dazu gehörte, teils angewidert. Denn der Gestank ließ selbst die Ruhrgebietler, die wahrlich keine gute Luft gewöhnt waren, die Nase rümpfen. Seit Jahren arbeitet die Emschergenossenschaft nun daran, die wichtigste Wasserader der Region und ihre Nebenläufe naturnah umzubauen. Das Ziel: eine blaue Emscher. Bis es soweit ist, müssen auch die Kleingärtner noch einiges an Lärm- und Geruchsbelästigung aushalten. Die Veranstaltung mit Maegie Koreen sollte sie dafür ein wenig entschädigen.

Claire Waldoff wohnte die längste Zeit ihres Lebens in Berlin, verleugnete aber ihre Herkunft nicht. „Ich bin richtich außem Kohlenpott", sagte die gebürtige Gelsenkirchenerin immer. Sie war so erfolgreich, dass sie sich eine Villa am Wannsee hätte leisten können. Doch was machte sie? Kaufte sich eine Laube in einer Schöneberger Gartenkolonie. Dort fühlte sie sich heimisch, und dort holte sie sich ihre Inspiration. Lieder wie „Komm auf die Schaukel, Luise"w oder „Wer schmeißt denn da mit Lehm?" wären wohl kaum am Wannsee entstanden.

Niemand ist heute besser geeignet als Maegie Koreen, diese Gassenhauer der 1920-er und 1930-er Jahre zu singen. Sie wohnt in Gelsenkirchen, hat über Claire Waldoff eine Biografie geschrieben. Und mit ihrem Temperament, dem spröden Charme und dem unverwechselbaren kräftigen Timbre klingt das ungekünstelt und ehrlich.

Mindestens einen Unterschied zu Claire Waldoff gibt es aber doch: Maegie Koreen besitzt keinen Schrebergarten. „Aber ich kenne das Lebensgefühl", sagt Maegie Koreen. „Denn im Ruhrgebiet ist es so, dass irgendjemand in der Familie immer einen Kleingarten hat. Bei mir waren das Onkel und Tanten."

Der Geiger

Frank Rudolph ist kein Kind des Ruhrgebiets, das ist sofort zu hören. Er stammt aus Sachsen. Als Geiger spielte er dort im weltberühmten Leipziger Gewandhaus, bis er sich bei einem Konzert in Wien 1988 absetzte. Ein mutiger Schritt, nicht zuletzt deshalb, weil er seine Familie zurücklassen musste. „Ich hatte alles mit meiner Frau besprochen, sie wusste von diesem Plan und unterstützte ihn", berichtet Rudolph. Niemand konnte damals ahnen, wie lange er von seiner Frau und den beiden Kindern getrennt sein würde. Jahre? Jahrzehnte? Oder gar für immer? Das System der DDR war zu diesem Zeitpunkt schon marode. Doch dass die Mauer nur ein Jahr später fallen würde, war nicht vorherzusehen. Natürlich zog die Familie Ende 1989 sofort in den Westen nach.

Erste gemeinsame Station war Köln, dann ging es wegen eines beruflichen Engagement nach München. Seit 1991 lebt die Familie nun im Ruhrgebiet: Frank Rudolph spielt im Orchester des Theaters Dortmund die 2. Violine. „Wir fühlen uns hier inzwischen sehr wohl", sagt Rudolph. Das liegt auch an ihrem Kleingarten, den sie seit 1998 besitzen. Damals ging Rudolph mit seiner Frau durch den Rombergpark und die benachbarte Kleingartenanlage Remy spazieren. „Wir fanden sehr schön, wie die Gärten angelegt waren: naturbelassen und wild", erinnert sich der Musiker an den ersten Eindruck. Und obwohl die Rudolphs eigentlich nie einen Kleingarten wollten, bewarben sie sich erfolgreich um eine freie Parzelle.

„Das individualistische Klima hier kommt uns sehr entgegen. Wir feiern nicht so gerne, sondern mögen es eher ruhig." Viele Menschen um sich herum – das hat er schon bei Konzerten. Da muss er sich in seiner Freizeit nicht auch noch ins Getümmel stürzen, findet er. Lieber zieht er sich in seinen Garten zurück. Rudolph: „Die körperliche Belastung beim Geigespielen ist sehr einseitig. Außerdem finden Proben und Konzerte immer in geschlossenen Räumen statt. Da bietet die Gartenarbeit an der frischen Luft einen tollen Kontrast." Neben Kartoffeln, Gurken und Zwiebeln, die Rudolph regelmäßig anbaut, probiert er jedes Jahr etwas Neues aus. Nicht immer gelingt das. Seine größte gärtnerische Pleite? „Schwarzwurzeln", sagt er ohne zu zögern. „Die haben sich strikt geweigert, aus dem Boden zu kommen." ❧

Die Künstlerin

Für Ursula Diermann war es irgendwie klar, dass sie eines Tages einen Kleingarten haben würde. Zu schön waren die Erinnerungen an ihre Jugend, als die Eltern in der Anlage Remy nahe dem Westfalenpark in Dortmund einen Kleingarten besaßen. Parkähnlich waren die Gärten damals, angelegt extra für die Bundesgartenschau 1959, und der Garten der Eltern war ein besonders sehenswertes Modellobjekt: zugewachsen mit hohen Tannen, vor Blicken von außen geschützt. Und doch stets offen für Gäste und Nachbarn. „In einer Kleingartenanlage lernt man viele nette Menschen kennen", hat die pensionierte Kunstlehrerin schon als Jugendliche erfahren. Sie denkt gerne zurück an die Sommerabende vor der Laube, als es noch keinen Strom gab in Remy und viele schöne Tage mit einem gemeinsamen Abendessen bei Kerzenlicht ausklangen. „Meine Mutter war die gute Seele des Gartens", sagt Ursula Diermann, die bereits damals ein kleines Stückchen Feld hinterm Haus ihr Eigen nannte. „Mir hat es schon immer gefallen, mit Erde zu arbeiten. Gartenarbeit ist so wunderbar kreativ", findet die Künstlerin.

Entsprechend traurig war sie, als die Eltern nach sechs Jahren den Garten wegen Krankheit aufgeben mussten. Die positiven Erinnerungen aber waren geblieben. Und auch der Wunsch, eines Tages selbst einen Kleingarten zu besitzen. Genau zwei Jahrzehnte später, 1984, sollte es soweit sein – und zwar in der gleichen Anlage, in der schon ihre Eltern die Parzelle hatten, nur eine Reihe dahinter. „Ich musste nicht lange überlegen, als ich die Möglichkeit bekam, diesen Garten zu übernehmen. Es hat sich gut angefühlt, wieder zurück zu sein", sagt die ehemalige Gymnasiallehrerin.

Nach und nach hat sich die Künstlerin Eckchen im Garten geschaffen, die immer wieder aufs neue erkundet werden können. Jedes wirkt wie ein kleiner Garten für sich, in vielen gibt es Sitzgelegenheiten. Eine kluge Gestaltung, die die Gesamtfläche des Gartens größer erscheinen lässt. Ursula Diermann: „Für mich steht nicht der Gemüseanbau, sondern das Gestalten im Mittelpunkt. Mein Garten ist für mich wie eine Therapie."

Die Künstlerin und ihr Werk: Fräulein Rosa heißt die Figur aus Papier, Draht und Mörtel, die im Garten einen Ehrenplatz besitzt.

Rivalen für 90 Minuten

Samstage in Kleingärten sind ganz besondere Tage. Schon morgens präparieren sich Tausende Fußballfans für das Spiel ihrer Mannschaft und hissen die Vereinsflagge, und spätestens ab halb vier ruhen dann viele Freundschaften für 90 Minuten. Nicht nur die zwischen Blau-Weiß und Schwarz-Gelb. Aber die traditionell ganz besonders.

Auch in der Kleingartenanlage in Dortmund-Lütgendortmund pflegen die Kleingärtner das Ritual. Während Bochum-Fan Benno Bargmann (oben Mitte) seine VfL-Fahne hochzieht, flattert schräg gegenüber die des 1. FC Köln im Wind, und sein direkter Garten-Nachbar Werner Vogt (oben links) bereitet sich auf das Spiel des FC Bayern vor.

Am Nachmittag dröhnt dann aus allen Richtungen und in voller Lautstärke WDR 2, während gebuddelt, geschuffelt, gesät oder geerntet wird. Und wenn ein Tor fällt, wird über den Gartenzaun gefrotzelt gegen den, dessen Team das Tor kassieren musste. „Alles nur aus Spaß", versichern Benno Bargmann und BVB-Anhänger Werner Exner (oben rechts).

Die Vorlieben der Kleingärtner beschränken sich nicht nur auf die Westvereine. Dieter Wessel (unten links) ließ sich von der modernen, offensiven Spielweise des SC Freiburg in den 1990-er Jahren begeistern. Seit dieser Zeit hängt sein Herz am Klub aus dem Breisgau – und die Freiburger Flagge regelmäßig an seinem Mast.

Vogt, selbst ein ehemaliger Spieler und Jugendfreund von Ex-Nationalspieler Lothar Emmerich, muss als Anhänger der stets erfolgreichen Bayern seltener Spott ertragen als die Kollegen. „Dabei bin ich gar nicht so fanatisch. Meine Frau Barbara ist viel verrückter als ich", erzählt er. Zum Beweis zeigt Vogt in seiner Laube auf die Fotos an der Wand: Auf denen ist seine Frau zu sehen – gemeinsam mit ehemaligen Bayern-Stars wie Giovanne Elber.

Als der Amtschef aus dem Fenster sprang

„Schrebergarten 06" – was wie die Abwandlung eines Fußballclubs klingt, der mäßig erfolgreich in der Kreisklasse kickt, ist tatsächlich der älteste Kleingartenverein im Ruhrgebiet. Am 2. April 1906 wurde er offiziell gegründet – vor genau 100 Jahren.

Doch 06 ist nicht nur die älteste Anlage, sie hat auch die skurrilsten Geschichten erlebt – negativer Höhepunkt war ein Skandal bei der Stadt Dortmund in den 1970-er Jahren, an dessen Ende ein bis heute rätselhafter Selbstmord steht.

06 ging aus dem von Prof. Heinrich Höfker 1896 gegründeten Dortmunder Gartenbauverein hervor. „Höfker wurde von allen nur der Holzschuh-Professor genannt, weil er immer in Holzschuhen herumlief", weiß der 06-Vereinsvorsvorsitzende Dieter Neuhäuser. Der erste Abschnitt der Anlage wurde 1906 (42 Gärten), der zweite 1911 (81 Gärten) eröffnet. Allerdings gab sich der Verein erst 1933 zum ersten Mal eine Satzung. Bemerkenswert ist, dass in den ersten Jahrzehnten keiner der Gärten von Arbeitern bewirtschaftet wurde, wie das in den meisten anderen Vereinen üblich war. In 06 hielten sich Ärzte, Professoren, Juristen und hohe Beamte ein Stück Land. Erst 1946 wurde mit Fritz Gerhold der erste Arbeiter aufgenommen.

Die Historie von 06 ist lückenhaft; wie bei vielen anderen Kleingartenvereinen betrifft das vor allem die Zeit während der Nazi-Diktatur. In den letzten Kriegswochen, als die Industriefabriken im Ruhrgebiet unter Beschuss genommen wurde, fielen auch zahlreiche Bomben in die Kleingartenanlage. Besonders schlimm war es am 10. März 1945. Viel mehr ist aus den ersten vier Jahrzehnten nicht überliefert. Auch existieren kaum historische Fotos. Ein Grund: Neuhäusers Laube, in der sich viele Bilder und Unterlagen befanden, wurde 2003 durch Brandstiftung zerstört.

Die Bomben auf die Anlage waren schrecklich – doch sie bedrohten nicht den Bestand von 06, weil nach dem Krieg die Kleingärtner, die den Krieg überlebt hatten, und deren Familien gemeinsam in die Hände spuckten und die Gärten wieder aufbauten. 1974 war das anders. Da sollte 06 komplett plattgemacht werden, weil die Stadt Dortmund auf dem Gelände

13/58

ALTHOFF
DORTMUND
1 Flasche
Traubensaft
23 IV 58
Umtausch nur gegen
Vorlage dieser Quittung
Kasse 154

-058 vt -3.90

Zusammenstellung der
Kosten für einen Besuch
des erkrankten Garten-
freundes Leo Fischer
in Unna.

	DM
1 Flasche Traubensaft ..	3,90
Blumenstrauß	2,20
Fahrt hin und zurück 1,60 DM. Die Hälfte: ...	.80
Zusammen:	6,90

Geprüft und
festgestellt auf:
Sechs DM
90 Pf
[signature],
1. Kassierer
24/4.58

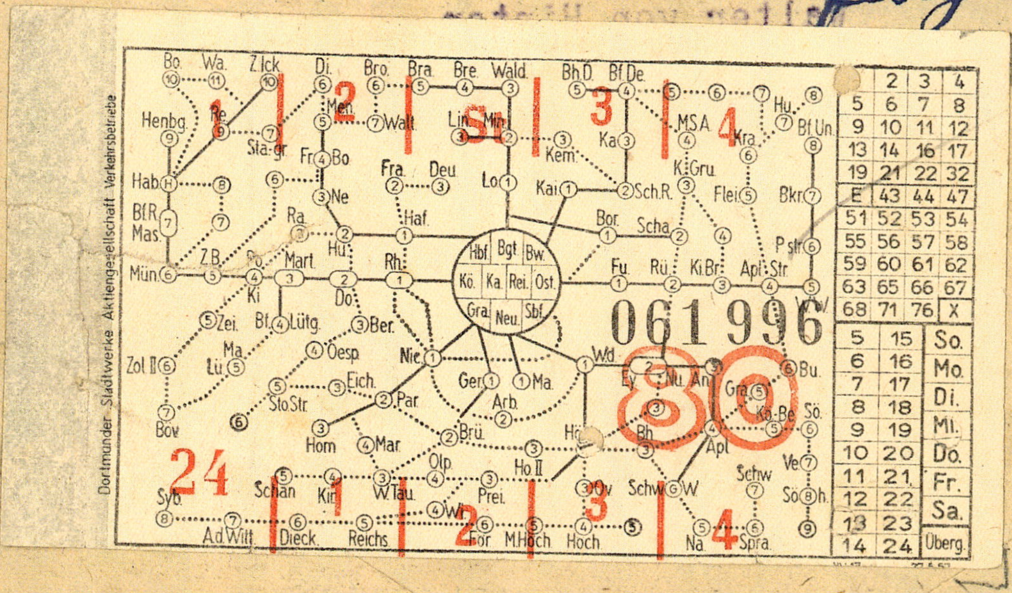

Der Gartenfreund Leo Fischer ist vor mehreren plötzlich schwer erkrankt und mußte nach Unna ins Krankenhaus überführt werden. Wenigstens ein einmaliger Krankenbesuch mußte aus Kameradschaft unternommen werden, den Gf Herr Göring am 23. April ausgeführt hat. Wie die obige Zusammenstellung ergibt, haben sich die Kosten in ganz mäßigen und vertretbareb Grenzen gehalten.

Der Betrag wird hiermit angewiesen zur Zahlung an Herrn Göring, der das Geld vorgestreckt hat.

Dortmund, den 24. April 1958

Betrag erhalten: → Max. Göring.

Der 1. Vorsitzende:
[signature]

Einfamilienhäuser und ein Seniorenzentrum errichten wollte. „Im Prinzip waren wir schon weg – hätte sich nicht Wolfgang Weiermann damals für uns ins Zeug gelegt", erinnert sich Neuhäuser. Weiermann, selbst Kleingärtner in einer anderen Anlage, war der SPD-Bundestagsabgeordnete aus Dortmund, unterstützte die Gartenfreunde, wirkte auf den Stadtrat ein – bis dieser schließlich die Planung mehrheitlich kippte. 06 konnte bleiben, Weiermann wurde Ehrenmitglied des Vereins – und der Baudezernent der Stadt Dortmund sprang aus dem Fenster seines Büros in den Tod. Die Hintergründe für den Selbstmord sind bis heute ungeklärt; dass im Vorfeld des Geländeverkaufs Schmiergeld geflossen ist, kann nur vermutet werden. Belegt ist es nicht.

Ein weiterer großer Einschnitt folgte 1981 mit dem Stadtbahnbau. Einige Gärten mussten damals weichen, und während der Arbeiten trennte eine Baugrube 06 für ein paar Jahre in zwei Teile. Heute fährt die U-Bahn unter einigen Gärten hindurch, was ab und zu durch ein leichtes Rumpeln zu spüren ist. Und: 06 ist die wohl einzige Kleingartenanlage in Deutschland, die einen eigenen U-Bahn-Zugang hat. Wer an der Station Karl-Liebknecht-Straße aussteigt und den Ausgang Schrebergarten 06 nimmt, steht mitten in den Kleingärten.

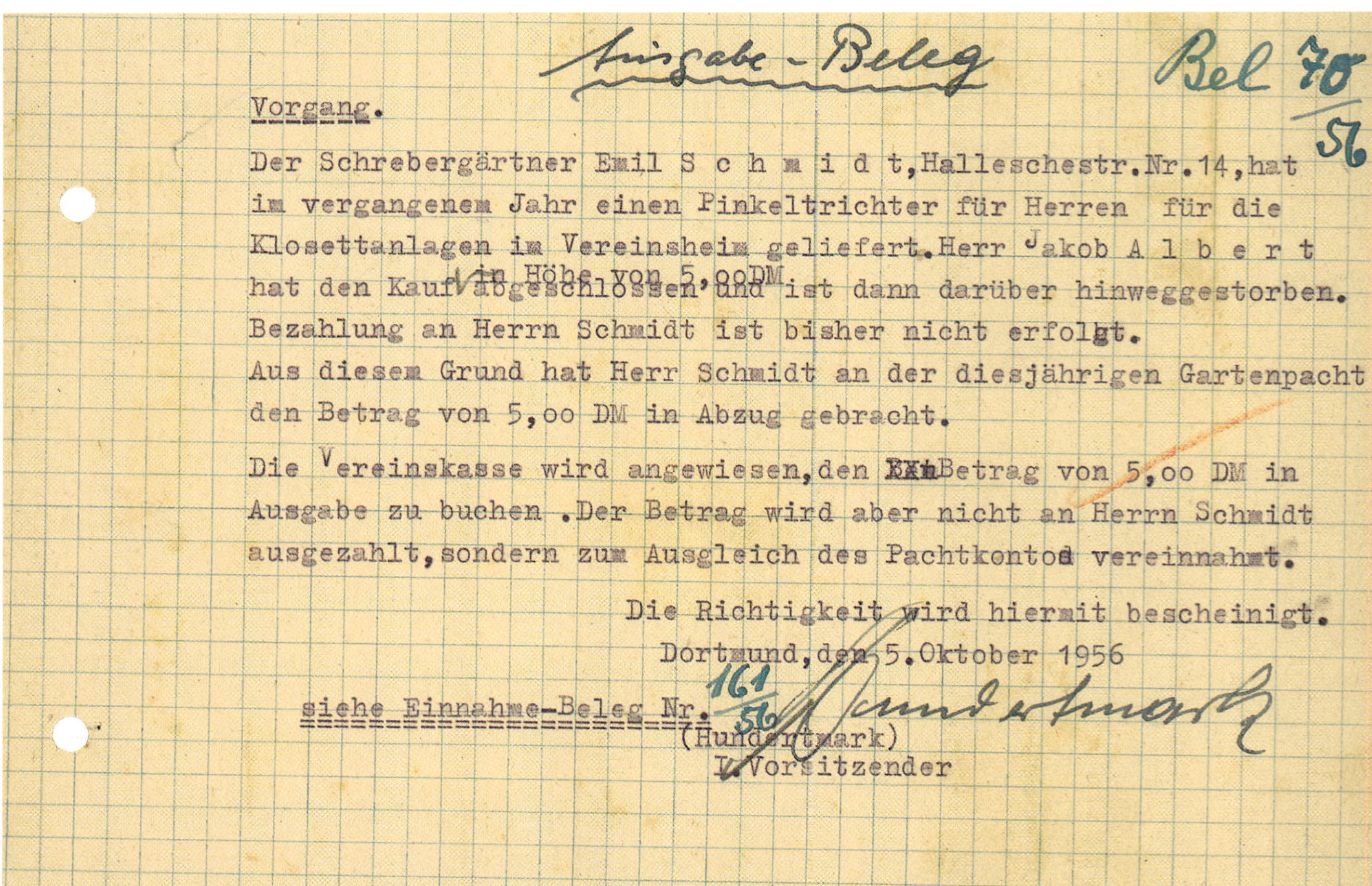

Ausgabe-Beleg

Bel 70/56

Vorgang.

Der Schrebergärtner Emil S c h m i d t, Halleschestr. Nr. 14, hat im vergangenem Jahr einen Pinkeltrichter für Herren für die Klosettanlagen im Vereinsheim geliefert. Herr Jakob A l b e r t hat den Kauf (in Höhe von 5,00 DM) abgeschlossen und ist dann darüber hinweggestorben. Bezahlung an Herrn Schmidt ist bisher nicht erfolgt. Aus diesem Grund hat Herr Schmidt an der diesjährigen Gartenpacht den Betrag von 5,oo DM in Abzug gebracht.

Die Vereinskasse wird angewiesen, den Betrag von 5,oo DM in Ausgabe zu buchen. Der Betrag wird aber nicht an Herrn Schmidt ausgezahlt, sondern zum Ausgleich des Pachtkontos vereinnahmt.

Die Richtigkeit wird hiermit bescheinigt.

Dortmund, den 5. Oktober 1956

siehe Einnahme-Beleg Nr. 161/56

Hundertmark

(Hundertmark)

I. Vorsitzender

Oben, vorherige Seite links und nächste Doppelseite: Ordnung ist das halbe Leben – und manchmal auch ein bisschen mehr. Es wurde immer schon genau vermerkt, wer was und wofür ausgegeben hat.

Ausgrabungen für den U-Bahn-Bau. Schrebergarten 06 ist der einzige Kleingarten in Deutschland mit eigenem U-Bahn-Anschluss. Als die erste U-Bahn fuhr, grüßten zum Teil festlich gekleidete Kleingärtnerinnen und Kleingärtner die Fahrgäste. Mitte rechts: Schon beim 60. Vereinsjubiläum wurde kräftig gefeiert.

Josef Albert

Dortmund, den 3o.September 1957.
Blumenstr.45

Herrn I.Kassierer
Walter von Hinten,
D o r t m u n d.

Wenkerstrasse 2o.

Sehr geehrter Herr v.Hinten !

Der Vorfall am 2.9.1957 abends gegen 2o Uhr veranlasst mich, Jhnen Folgendes schreiben zu müssen:
Meine Entgleisung am fraglichen Abend bedauere ich ausserordentlich und es tut mir leid, dass ich mich zu Aeusserungen habe hinreissen lassen, die unter normalen Umständen nicht über meine Lippen gekommen wären. Berücksichtigen Sie bitte, dass ich an dem fraglichen Abend etwas über den Durst getrunken hatte, was mein nicht einwandfreies Verhalten in etwas entschuldigen soll.
Jch möchte mich daher wegen besagten Vorkommnisses in aller Form mit dem Ausdruck des tiefsten Bedauerns bei Jhnen, sehr geehrter Herr v.Hinten, entschuldigen und bitte um Verzeihung. Sollten Sie einigen Gartenfreunden von diesem Vorkommnis Kenntnis gegeben haben, so gestatte ich Jhnen selbstverständlich, diesen Gf. meinen Brief zur Kenntnis zu bringen.
Jn der Erwartung, diese mir selbst äusserst peinliche Angelegenheit mit diesen Zeilen bereinigt zu haben, grüsse ich Sie

mit vorzügl. Hochachtung !

Josef Albert

Udo Berszinski

Dortmund, den 25. April 1963
Tucholskystr. 23

323/63

Herrn

Walter von Hinten

46 Dortmund
Wenkerstr. 20

2 Anlagen

Sehr geehrter Herr von Hinten !

Anbei sende ich Ihnen zwei Belege zu und bitte mir die verauslagten Beträge zu übersenden oder bar auszuzahlen. Außerdem bitte ich mir etwa 20,-DM an Portovorschuß-wie in der letzten Vorstandssitzung besprochen-auszuzahlen. Dann bitte ich weiterhin meine Forderung aus der Gemeinschaftsstundenabrechung etwa 18 DM ebenfalls bald anzuweisen.

Lieber Herr von Hinten, ich sehe es wirklich nicht mehr ein, daß ich neben all meinen Arbeiten auch noch mein eigenes Taschengeld für dem Verein auf viele Monate hinaus hergebe. Warum sollen wir vom Vorstand uns auch noch in dieser Hinsicht schlechter stellen als die anderen Mitgl. .

Folgende Aufstellung: Rechnung Sandschaufel 3,50 ✓ siehe anl. Rechng
Porto usw. 11,40 ✓ desgl.
[illegible] 14,90 ✓ Vorschuß

Willy Brandt war zweimal Gast bei 06: Als Bundeskanzler 1972 und ein weiteres Mal 1986.

Hahn im Korb: Wer musikalisch ist, wird von den Frauen umgarnt. Das ist auch im Schrebergarten so.

»Krumme Augen«

Zu den traditionsreichen Festen, die im Kleingartenverein Am Mühlenberg in Fröndenberg gefeiert werden, gehört das Aufstellen des Maibaums. Am Vorabend des 1. Mai treffen sich die Kleingärtner, deren Familien und Freunde in der mit 215 Metern höchstgelegenen Anlage des Ruhrgebiets. Traditionell sind es sechs bis sieben starke Männer, die am frühen Abend den rund fünf Meter hohen Mast herunterholen, dessen Spitze mit einem Kranz schmücken und anschließend wieder hochziehen. Ein

schweißtreibendes Unterfangen, das mehrere Anläufe benötigt. Der erste Versuch, den Baum hochzuhieven, wird schon nach wenigen Sekunden abgebrochen. Jemand hat gerufen: „Der ist nicht gut ausgerichtet." Ein Tablett mit Bier wird zur Stärkung der Männer gereicht. Die Frauen trinken aus Solidarität Vanilleschnäpse mit. Nächster Versuch. Auch der scheitert. „Baum fällt!", ruft jemand. „Quatsch nich'. Du hast wohl krumme Augen", antwortet ein anderer. Gelächter. Biere und Vanilleschnäpse kreisen. Dritter Versuch. Es sieht gut aus. Kurz vor dem Ziel kapituliert einer: „Ich krieg' ihn nicht hoch!" Gelächter. Ein anderer stimmt zu: „Ich brauch dringend ne Stärkung, sonst geht bei mir gar nix mehr!" Der Mast sinkt wieder. Es gibt eine Runde Bier. Und natürlich Vanilleschnaps.

Eine halbe Stunde und sechs Versuche später haben es die Männer dann endlich geschafft: Der Baum steht! Jubel. Darauf gibt es erst einmal Bier und Vanilleschnaps. „Um Mitternacht laufen alle um den Baum herum und singen Mailieder", beschreibt die Vereinsvorsitzende Luise Plust ein Ritual des weiteren Abends.

So spektakulär der Maibaum aufstellt wird, so trist ist sein Ende: Am 31. Mai holt der Gartenobmann den Kranz herunter. Ganz allein, ohne jede Unterstützung.
Der Mann muss ein Bär sein! ❧

Lauben in luftiger Höhe

Kultur und Kleingarten – das passt zusammen, fand H.A. Schult, nahm den Auftrag an und nannte sein Werk „Das Glück“. In der Innenstadt von Bergkamen kreierte der bekannte Aktionskünstler im Sommer 2005 für die triste Fassade eines leerstehenden 16-stöckigen Wohnturms sieben Gemälde, die Gartenhäuschen zeigen. Das 1974 erbaute Hochhaus hatte ursprünglich 30 Eigentumswohnungen, steht aber seit dem Jahr 2000 leer. Von der Aktion erhoffte sich die Stadt, dass das Glück nach Bergkamen zurückkommt – in Form eines Investors für das Haus. ❧

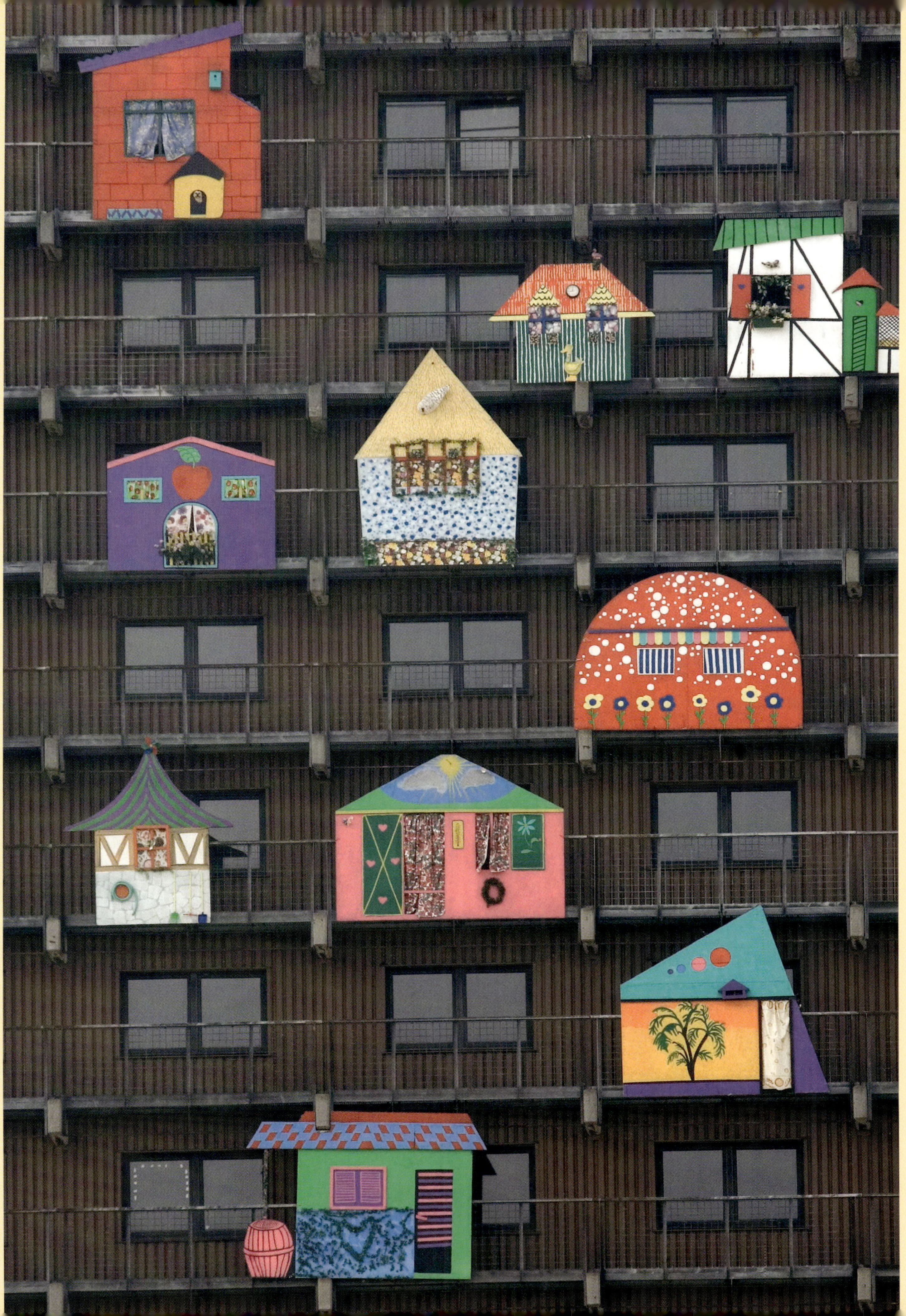

Dieter Benz und die wilde 13

Eigentlich bräuchte Dieter Benz gar keinen Schaukasten. Es würde ausreichen, wenn der Vorsitzende des Kleingärtnervereins Bergkamen sich an sein Gartentor stellt und laut sagt, was er anzukündigen hat. Jeder würde es mitbekommen, so überschaubar ist der Verein. Gerade einmal 13 Gärten zählt er – und ist damit der möglicherweise kleinste im Ruhrgebiet.

Einen Schaukasten hat der KGV Bergkamen, wie jeder andere Verein, trotzdem am Eingang der 6650 Quadratmeter großen Anlage. Doch ansonsten ist einiges anders in der Anlage. „Der Zusammenhalt ist größer. Bei 13 Gartenfreunden rückt man automatisch näher zusammen. Hier nimmt jeder ein Stück mehr am Leben des anderen teil“, sagt Benz. Das hängt sicherlich auch mit der Herkunft der Kleingärtner zusammen: Elf von ihnen stammen aus Oberschlesien. „Ich bin hier der Bayer unter Schlesiern. Ich komme aus Mittelfranken“, flachst Benz, der als Kind mit den Eltern wegen der Arbeit ins Ruhrgebiet zog.

Doch es gibt auch negative Seiten: Weil so wenig Beiträge in die Kasse fließen, sind kleine Vereine wie der KGV Bergkamen finanziell klamm. Benz: „Wir können uns zum Beispiel kein Vereinsheim leisten. Wenn wir etwas zu besprechen haben, machen wir das im Geräteschuppen.“ Das 75-jährige Vereinsjubiläum 2004 wurde in einem Zelt auf dem Parkplatz gefeiert. „Fünf Jahre mussten wir auf dieses Ereignis sparen. Geld ist am Ende nicht übrig geblieben“, so Benz. Sonstige Feiern fallen ohnehin flach – der Aufwand für die wenigen Leute wäre einfach zu groß, das wäre nicht zu stemmen.

Der Vereinsvorsitzende Dieter Benz erzählt das ohne Bedauern. Er schaut lieber auf die schöne Seiten, die eine kleine Anlage mit sich bringt. Alle vier Wochen samstags zum Beispiel treffen sich die Gartenfreunde, um die insgesamt rund 2000 Quadratmeter große Fläche außerhalb der Gärten in Ordnung zu halten – Gemeinschaftsarbeit im wörtlichen Sinn.

Links: „König“ eines kleines Reiches: Dieter Benz.
Unten: Die Kleingartenanlage entstand auf dem Gelände oberhalb einer Schachtanlage. Eine Tafel erinnert an „Grillo 3“ des Bergwerks Monopol.

Bohnen-
Kraut
Oregano

Deutsch-türkische »Familie«

Integrationsprobleme kennt Sevinç Bingöl nicht. Warum sollte sie auch? Die junge Frau aus der Türkei ist weltoffen, modern und spricht fließend deutsch. „Ich habe sogar weniger Schwierigkeiten mit der deutschen Mentalität als mit der vieler meiner Landsleute", sagt sie, während sie einem vorbeilaufenden älteren Paar zuwinkt und über den Gartenzaun ruft: „Hallo, geht's euch gut?" Seit 1999 hat Sevinç Bingöl mit ihrem Mann Nadi und den Kindern Merve, Efe und Cemre einen Kleingarten in der Anlage Grüne Insel in Bergkamen. „Jeder kennt hier jeden, der Zusammenhalt ist einmalig, fast schon familiär", lobt Nadi.

Familiär meint er wortwörtlich: Ein deutsches Ehepaar aus einem Nachbar-Garten hat die Bingöls quasi adoptiert. Diethelm und Margaretha Hölscher wurden gerade spontan zu türkischem Kuchen herüber gerufen. Sie lassen auf Nadi, Sevinç und die Kinder nichts kommen. „Die haben wir richtig lieb gewonnen", sagt Margaretha Hölscher. Selbst sind die Hölschers kinderlos, und so sagen Nadi und Sevinç „Mama" und „Papa" zu ihnen. Da ist mehr als nur eine Freundschaft gewachsen.

Zu den Freunden von früher haben die Bingöls kaum noch Kontakt, seit sie den Kleingarten haben. „Das ist zwar schade,

Foto nächste Seite: Eine glückliche Familie: Nadi und Sevinç Bingöl mit den Kindern (von links) Cemre (7), Efe (4) und Merve (10).
Oben links: „Mama" Margaretha und „Papa" Diethelm Hölscher. Rechts: Lausbub Efe.
links: Vorsicht, Efe! Schon mehrmals steuerte er sein Gefährt in die Tagetes – sehr zum Ärger von Mutter Sevinç.

aber unsere Interessen haben sich unterschiedlich entwickelt. Die reden nur über Autos, gehen gerne in Spielhallen und haben mit Garten und Natur nix am Hut", erzählt Nadi. Seine Frau hat ähnliche Erfahrungen gemacht. Anfangs, als Bingöls den Garten neu hatten, kam eine türkische Freundin mit, hat sich in einem Stuhl auf der Wiese bequem gemacht, gehäkelt und Sevinç beim Arbeiten zugeschaut. „Das hat mich total geärgert. Am nächsten Tag tat mir vom Schuften alles weh. Da habe ich mir geschworen, dass ich die nicht mehr mitnehme", sagt Sevinç.

Und das will schon etwas heißen. Denn eigentlich sind die Bingöls, wie die meisten Türken, sehr gastfreundlich. Das bekommen auch die Klassenkameraden der Kinder zu spüren. Wenn das Wetter gut ist, kocht Sevinç in der Laube. Natürlich genug für alle, auch für die Freunde der Kinder. Die kommen nach der Schule oft alle in den Garten, machen ihre Hausaufgaben zusammen und spielen dann im Garten.

Das wird auch so bleiben. Denn obwohl die Bingöls in der Nähe der Grünen Insel bauen, werden sie ihren Schrebergarten, ihre kleine Oase, halten. „Ein Leben ohne diesen Garten wäre für mich nicht vorstellbar", sagt Sevinç Bingöl. Plötzlich fangen die Frösche am Teich an zu quaken. Es scheint so, als hätten sie die Worte verstanden und wollten sie bestätigen.

Die Retter des Eichenwäldchens: Jürgen Wesselmann, Werner Kappler, Peter Wagner, Susanne Wesselmann mit Hund Djasper und Manfred Rinke (von lin

Mein Garten, meine Laube, mein Wald

Wenn Bäume sprechen könnten, hätten sich die alten Eichen direkt neben der Kleingartenanlage Glück Auf in Hamm längst bedankt. Bei den Anwohnern in der Basaltstraße, vor allem aber bei den Kleingärtnern. Ohne sie stünde das ein Hektar große Wäldchen heute nicht mehr. „Dem Besitzer, ein Bauer, waren die Bäume schon seit Jahren ein Dorn im Auge. Die machten nur Arbeit, brachten aber nichts ein. Deshalb wollte er sie abholzen“, erzählt der Vereinsvorsitzende Peter Wagner. Die Genehmigung von der Stadt Hamm und dem Forstamt Schwerte hatte der Bauer bereits. Doch dann durchkreuzten die Kleingärtner seine Rodungspläne. „Man kann sich nicht alles gefallen lassen“, sagten sie sich. Denn als die Kleingartenanlage 1948 auf einer am Nordhang des Dabergs gelegenen Wiese entstand, gab es das Wäldchen bereits. Dass es nun verschwinden und einer vorgesehenen Bebauung weichen sollte – das mochten die Gartenfreunde nicht einsehen. Also sammelten sie ein paar Hundert Unterschriften und wandten sich mit ihrem Anliegen an den Rat der Stadt Hamm. Der Vorschlag der Kleingärtner: Sie würden gern den Wald pachten und in Ordnung halten. Daraufhin untersagte der Rat der Stadt Hamm die Rodung, und der Bauer vermietete das Wäldchen für 30 Euro im Monat an die Kleingartenanlage.

„Wir haben Baumpatenschaften, im Vereinslokal stehen Sammelbüchsen. Der Wald trägt sich finanziell“, sagt Wagner. Was künftig konkret mit dem mindestens 70 Jahre alten Eichenwäldchen geschieht, ist noch nicht ganz klar. Die Kleingärtner haben bisher 18 Nistkästen aufgehängt, und sie planen mit Schulkindern einen Lernpfad.

Fotos rechts: Ein hübsches Holzhaus, wie es viele in Weißrussland gibt. Geradezu konträr wirkt da der moderne Bau des Kinderzentrums Nadeshda.
Großes Foto: Klaus Wichmann, Dieter Birkmann und Gartenfreund Werner Scholz (von links) beschneiden die Obstbäume, die starken Wildverbiss aufwiesen. Anschließend zogen sie einen Zaun um die Bäume, um sie vor Rehen zu schützen. Zwei Frauen schauen zu: die Agrarökonomin, die für die Landschaftwirtschaft am Kinderzentrum verantwortlich ist, und die Dolmetscherin Olga.

Hilfe für verstrahlte Kinder

Sie war eine Tortur, die 35-stündige Autofahrt im April 2003. Zwei Kleingärtner aus Hamm, Werner Scholz vom Kleingartenverein Plackengrund und Manfred Wanierke vom Kleingartenverein Ahsetal, fuhren mit vier Begleitern der evangelischen Männerarbeit Westfalen ins Kinderzentrum Nadeshda in Weißrussland. 1800 Kilometer, die wenigsten davon über befestigte Straßen, mit zwei Transportern und Anhängern, beladen mit Hilfsgütern. Von Schwerte über Berlin, Warschau, Brest und Minsk, bis in die Gegend um den Wileika-Stausee.

Wolfgang Menzel, Geschäftsführer beim Sozialdienst Evangelischer Männer und gut 20 Jahre im Kleingarten-Bezirksverband Hamm / Kreis Unna aktiv, zuletzt als Vorsitzender, hatte die Gartenfreunde mitgerissen. Mitgerissen für ein Projekt, mit dem Kindern aus der Region um Tschernobyl nach der Reaktorkatastrophe am 26. April 1986 geholfen wird. Zunächst waren es vor allem Spenden der Kleingärtner, doch mit der ersten Reise nach Weißrussland 2003 wurde der Kontakt intensiver. „Die Menschen sind sehr zugänglich, freundlich, offen und gar nicht fordernd, aber sehr dankbar", beschreibt Manfred Wanierke seinen Eindruck. Zweimal war er inzwischen in dem kleinen Örtchen etwa 100 Kilometer nördlich von Minsk. Andere Kleingärtner waren sogar schon öfter dort, Wolfgang Menzel flog mehrmals im Jahr hin. „Der enge Kontakt und das Engagement hat zu vielen sehr persönlichen Freundschaften geführt", so Wanierke.

Nadeshda – das ist das russische Wort für Hoffnung. Hoffnung soll das Kinderzentrum den strahlengeschädigten Kinder aus der Region um Tschernobyl geben. Nadeshda fördert die Gesundheit der Kinder, zum Beispiel durch die Stärkung des Immunsystems, Sport- und Bewegungsprogramme und diverse Therapien. Noch wichtiger aber ist: In Nadeshda können sich die Kinder, anders als in ihren verseuchten Heimatorten, draußen frei bewegen, im Wald spielen. Spielende Kinder sind glücklich, und das stärkt die Psyche.

Nadeshda zog weitere Kreise, über den Bezirksverband hinaus. 2005 besuchte eine Delegation des Kleingarten-Landesverbandes Westfalen und Lippe Weißrussland, an der Spitze Landeschef Werner Bolder und Geschäftsführer Werner Heidemann. „Ein sehr beeindruckendes Projekt. Vor der ehrenamtlicher Arbeit, auch unserer Gartenfreunde, habe ich höchsten Respekt", sagte Heidemann im Herbst 2005. Damit hat er zuallererst an Wolfgang Menzel und seinen unermüdlichen Einsatz gedacht. Wolfgang Menzel bekommt dieses Lob nicht mehr mit. Am 9. Dezember 2005 wollte Menzel mal wieder nach Nadeshda aufbrechen. Auf dem Weg zum Frankfurter Flughafen erlitt er, nur wenige Tage vor seinem 61. Geburtstag, einen tödlichen Herzinfarkt.

ШКОЛА

Abseits des Pfades: die Grabeländer

Eine spezielle Form des Schrebergartens ist das Grabeland. Meistens handelt es sich dabei um Grundstücke der Kommunen, die gerade nicht besser genutzt werden können. Statt sie brach liegen zu lassen, werden sie parzellenweise für eine geringe jährliche Pacht vermietet. In der Regel für ein Jahr; so gibt die Kommune das Land nicht dauerhaft aus der Hand, sondern kann es nach zwölf Monaten auch anders nutzen, zum Beispiel gewerblich verpachten. Weil Grabeland nicht dauerhaft überlassen wird, sind die Gärtner nicht in Kleingartenverbänden organisiert.

Sehr oft sind Grabeland-Pächter Türken oder Deutsche mit türkischer Abstammung. Das hat vor allem drei Gründe: Grabeland ist günstig, außerdem ist es für Türken nach wie vor schwer, in Kleingartenanlagen unterzukommen, weil Konflikte befürchtet werden oder immer noch Vorurteile herrschen. Drittens schließlich wollen viele gar nicht in einen deutschen Kleingarten, weil sie dort ihre Vorstellungen von einem Garten, wie sie ihn traditionell aus ihrer Heimat kennen, nicht verwirklichen können.

Typische türkische Gärten sind kleine Reiche, in denen die Familien ein Stück ländliches Leben in der Stadt pflegen. Sie werden mal da und mal dort angelegt, je nachdem, wo gerade ein Fleckchen ungenutzt brachliegt. Das geschah anfangs zum Teil illegal, weil die Einwanderer nicht fragten, wem das Land gehört. Es wurde eingenommen, weil es ja offensichtlich niemand brauchte. Viele dieser „Besetzungen" wurden später legalisiert, indem Verträge geschlossen wurden zwischen den Pächtern des Grabelands und den Eigentümern.

Türkische Gärten zeichnen sich durch einen extrem hohen Nutzwert und geringen finanziellen Aufwand aus. Sie wirken wild, weil das Gemüse nicht ordentlich in Reih und Glied steht, sondern so, wie es fürs Wachstum sinnvoll ist: Sonnenintensives Gemüse steht außen, Wein und andere rankende Pflanzen werden als Schattenspender eingesetzt, und überall dazwischen schießen Kräuter aus dem Boden. Kaum ein Eckchen, das nicht genutzt wird. Auch beim Drumherum wird weniger Wert auf die deutsche Ästhetik gelegt.

Der Zaun um den Garten besteht oft aus Wellblech oder Holzbrettern vom Sperrmüll, improvisiert und zusammengeschustert. Viele haben nicht einmal die Möglichkeit, sich bei Regen unterzustellen. ❧

Oben und rechts: Mehmet Simsek in seinem Garten in Duisburg-Marxloh.

Nächste Doppelseite: Grabeland-Gärten in Bochum.
Übernächste Doppelseite: Auf zweieinhalb Meter Höhe hat Wolfgang Hutmacher (re.) seine Laube gebaut. Der Grund: Der Garten, den er seit 1990 in Duisburg-Rheinhausen gepachtet hat, liegt im Hochwassergebiet. Mehrmals im Jahr steht der Rhein einen Meter oder auch höher auf dem ehemaligen Krupp-Gelände. Wegen des Drecks, den der Rhein anschwemmt, baut Hutmacher schon lange nichts mehr an, sondern nutzt den Garten für die Freizeit. Ein grünes Fleckchen, wo er mit seiner Frau Freunde einlädt und an sonnigen Wochenenden grillt. Doch auch das ist bald vorbei: Hutmacher hat den Garten gekündigt. „Bringt nix mehr und kostet nur", sagt er lapidar und gönnt sich mit einem Kumpel zum Abschied ein Bierchen.

STAMMTISCH
König

Foto rechts: Pyong-Lim Kieselmann, mit einem Deutschen verheiratete Koreanerin, vor ihrer Laube. Sie hat seit 16 Jahren auf einem Gelände von Krupp in Duisburg-Bruckhausen ihren Garten.

Josef Lysson und Werner Kramp (re.) züchten gemeinsam in Oberhausen, nahe dem Gasometer, Tauben. „Das ist schon seit 53 Jahren mein Hobby", erzählt Kramp, dessen Garten aus einem gepflegten Stückchen Wiese besteht. Der Rest der Fläche gehört den Tauben. Rund 120 Tauben haben Lysson und Kramp in ihrem Schlag. Natürlich nehmen sie auch regelmäßig an Wettkämpfen teil. Stolz hält Kramp sein erfolgreichstes Tier in die Kamera. Einen Namen hat die Taube allerdings nicht bekommen. Nur, wie alle anderen, eine Nummer – sie trägt die 386.

Typisch türkische Gärten in Oberhausen – mal am Fuße des Gasometers, mal direkt in einer Siedlung.

Vorherige Seite: Ein Garten im Hinterhof in Duisburg-Bruckhausen.

Geisterstimmung: Auf altem Industriegelände liegen diese Gärten in Bochum. Am Eingang warnt ein Schild auf Deutsch und Türkisch, keine Nahrungsmittel anzubauen, weil der Boden verseucht ist. Entsprechend verwaist sehen die Gärten beim Rundgang aus; manche wurden offensichtlich seit Monaten nicht mehr betreten, Obst und Gemüse wurden nicht mehr geerntet und faulen vor sich hin.

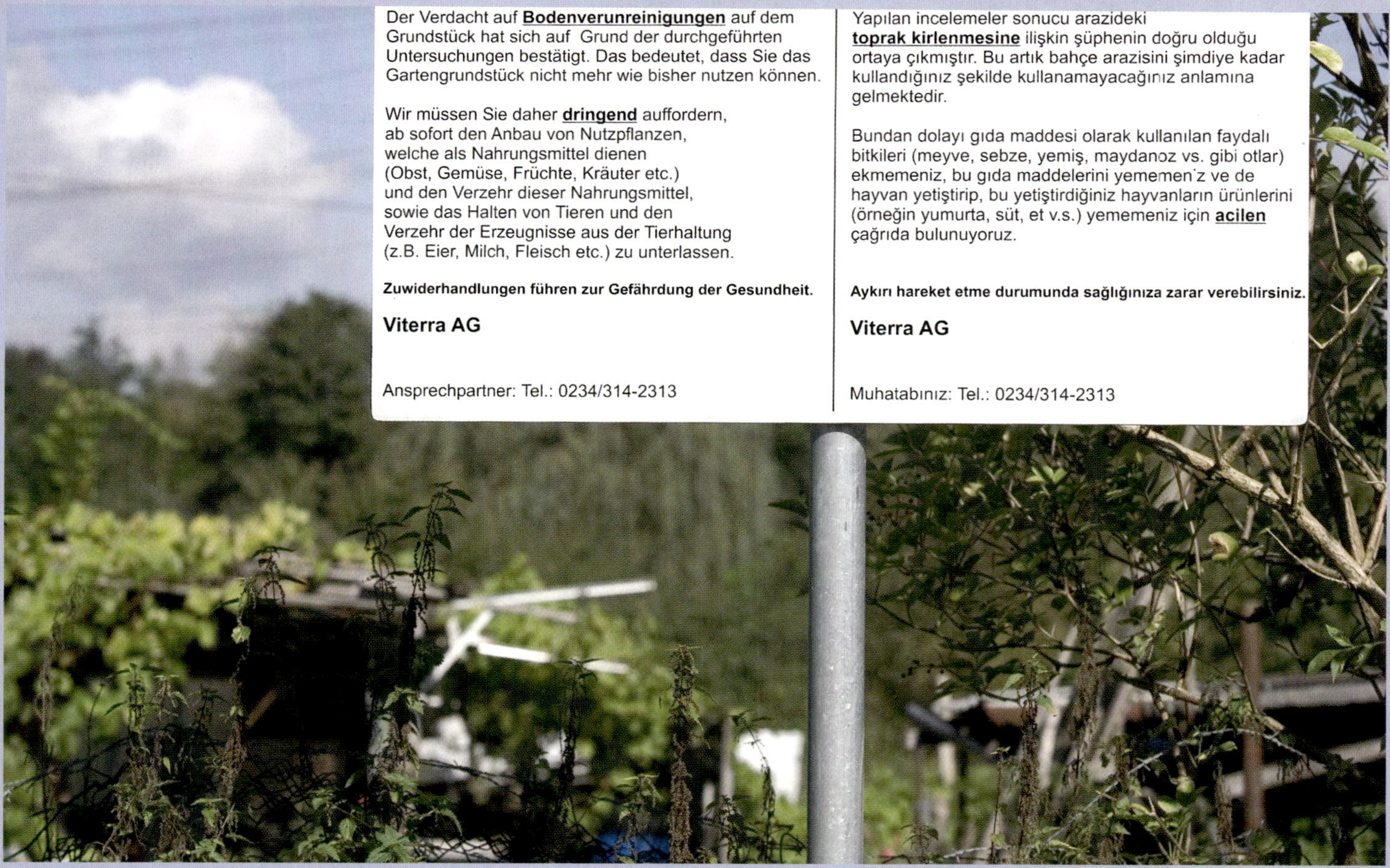
Der Verdacht auf Bodenverunreinigungen auf dem
Grundstück hat sich auf Grund der durchgeführten
Untersuchungen bestätigt. Das bedeutet, dass Sie das
Gartengrundstück nicht mehr wie bisher nutzen können.
Wir müssen Sie daher dringend auffordern,
ab sofort den Anbau von Nutzpflanzen,
welche als Nahrungsmittel dienen
(Obst, Gemüse, Früchte, Kräuter etc.)
und den Verzehr dieser Nahrungsmittel,
sowie das Halten von Tieren und den
Verzehr der Erzeugnisse aus der Tierhaltung
(z.B. Eier, Milch, Fleisch etc.) zu unterlassen.
Zuwiderhandlungen führen zur Gefährdung der Gesundheit.
Viterra AG
Ansprechpartner: Tel.: 0234/314-2313
Yapılan incelemeler sonucu arazideki
toprak kirlenmesine ilişkin şüphenin doğru olduğu
ortaya çıkmıştır. Bu artık bahçe arazisini şimdiye kadar
kullandığınız şekilde kullanamayacağınız anlamına
gelmektedir.
Bundan dolayı gıda maddesi olarak kullanılan faydalı
bitkileri (meyve, sebze, yemiş, maydanoz vs. gibi otlar)
ekmemeniz, bu gıda maddelerini yememeniz ve de
hayvan yetiştirip, bu yetiştirdiğiniz hayvanların ürünlerini
(örneğin yumurta, süt, et v.s.) yememeniz için acilen
çağrıda bulunuyoruz.
Aykırı hareket etme durumunda sağlığınıza zarar verebilirsiniz.
Viterra AG
Muhatabınız: Tel.: 0234/314-2313

Tatort Schrebergarten

Bei der Polizei in Essen machte vor einigen Jahren ein neuer Begriff für Kleingartenanlagen die Runde: „Einbrecherübungsgelände“ nannte sie ein kreativer Kriminalbeamter. Die Wortschöpfung kam ihm in den Sinn, weil viele Jung-Kriminelle in Kleingärten ihren ersten großen Bruch üben. Das können die Schrebergärtner sicherlich nicht bestätigen. Wohl aber, dass Einbrüche in Lauben ein zunehmendes Problem darstellen. Denn viele sind entweder selbst bereits Opfer gewesen, oder sie kennen jemanden, bei dem schon mal eingebrochen wurde.

Neben Einbruch ist Brandstiftung das häufigste Delikt in Kleingartenanlagen. Beide gehören inzwischen so sehr zum Polizeialltag, dass sich die Ordnungshüter nur noch an die besonderen Einsätze in Schrebergärten erinnern können. Wie etwa das schreckliche Verbrechen mit einem Toten am Abend des 19. Dezember 2001, das die Beamten der Duisburger Mordkommission nicht vergessen werden.

Der 36 Jahre alte Raimund A. suchte im Kleingartenverein am Ruhrdeich in Duisburg ein warmes Plätzchen zum Schlafen. Er hatte immerhin 20 Dosen Bier intus, was ihn entsprechend müde gemacht haben dürfte. Bewaffnet mit einer Gasflasche, versuchte er, die Tür eines Häuschens einzuschlagen, in dem der 72-jährige Paul M. wohnte. Der Kleingärtner wurde durch den Krach aufgeschreckt, griff nach seinem Kleinkalibergewehr und lief zur Tür, um den Eindringling zu vertreiben. Was dann geschah, konnte später vor Gericht nur durch Spuren nachvollzogen werden; denn A. gab an, sich wegen des Alkoholkonsums an nichts mehr zu erinnern. In einem Handgemenge muss der bereits mehrfach vorbestrafte A. das Gewehr zu fassen bekommen haben, und er schoss dem Paul M. in den Hinterkopf. Als dieser, schwer verletzt, sich in die Laube zurückschleppten wollte, folgte ihm der Täter und versetzte ihm mit dem Gewehr mehrere Schläge. A. raubte dem Sterbenden 200 Mark aus der Gesäßtasche und setzte die Hütte unter Wasser, um Spuren zu verwischen. Geholfen hat es ihm nichts, er wurde kurze Zeit später bereits gefasst. Die Schwurgerichtskammer des Duisburger Landgerichts verurteilte den alkoholkranken Raimund A. im Februar 2002 zu einer Haftstrafe von acht Jahren und einer Unterbringung in einer Entziehungsanstalt und schloss damit eines der brutalsten Verbrechen ab, die es in den vergangenen Jahrzehnten in einem Schrebergarten gab.

Ganz schön dreist

Doch nicht nur an die besonders schlimmen Einsätze erinnern sich die Beamten. Bei Michael West von der Mülheimer Polizei ist ein Erlebnis hängen geblieben, bei dem die Fäuste flogen. Gemeinsam mit einem Kollegen war er an einem lauen Samstagabend – ans Jahr kann er sich nicht mehr erinnern – auf Streife, als die beiden gegen 23.30 Uhr wegen Ruhestörung zu einer Kleingartenanlage in Heißen gerufen wurden. Zwei Männer empfingen sie wenig freundlich an einer Gartenlaube am Hauptweg, in der offenbar sehr laut und mit reichlich Alkohol gefeiert wurde. Nach einem kurzen Wortwechsel versuchte einer der Männer, ohne Vorwarnung seine Faust Richtung West zu schleudern. „Gott sei dank reagierte mein Kollege blitzschnell und fing den Schlag mit seinen riesigen Bratpfannenhänden ab", erzählt West. Eine Prügelei entzündete sich, und die beiden Kontrahenten verschwanden, nun heftig aufeinander eindreschend, in einem Gebüsch, während der zweite Mann sich hurtig davonmachte. West dachte einen Moment nach, ob er seinen Kollegen im Kampf allein lassen könnte, um vom Streifenwagen aus Verstärkung anzufordern. Die Konstitution seines Kollegen – zirka 120 Kilogramm bei 1,90 Meter Körpergröße – erleichterte ihm die Entscheidung, West lief zum Wagen, kontaktierte die Zentrale und bat um polizeiliche Unterstützung. „Zurück am Boxring, fand ich meinen Hauptmeister allein und ohne sichtbare Blessuren vor. ‚Mann, der war richtig gut', sagte er voller Respekt, während sich ein älterer Herr mit schiefer Brille auf der Nase aus dem Gebüsch quälte. Der wollte die beiden Parteien trennen und bekam dabei selbst etwas ab", so West. Kurze Zeit später trafen die Kollegen zur Verstärkung ein. Sie durchsuchten die Gartenlaube, in der weiter kräftig gefeiert und gelärmt wurde. Aber der Schläger war nicht mehr dort. Von einer größeren Gruppe abgeschirmt, konnte er unerkannt türmen. Natürlich kannte niemand von den Anwesenden den Gesuchten.

Am nächsten Tag tauchte ein junger Mann mit seiner Mutter auf der Polizeiwache auf und erstattete Anzeige. In der vorhergehenden Nacht sei er von einem Polizisten grundlos zusammengeschlagen worden. Außerdem habe er eine Uhr verloren. „Die Kollegen im Dienst erzählten, dass sein Gesicht von sämtlichen Farben gezeichnet war. Mein Begleiter muss also tatsächlich gut getroffen haben", erzählt West schmunzelnd. Die Überprüfung der Personalien ergab, dass der Mann, der sich als Opfer ausgab, sich gerade auf Hafturlaub befand. Dies führte allerdings nicht dazu, dass er reuig schwieg. Vielmehr forderte er frech eine Verlängerung seines Freigangs – und darüber hinaus Schadenersatz für die verlorene Uhr ...

Selbstjustiz in Bochum

Zwei Fälle von Selbstjustiz durch Kleingärtner, für die als Entschuldigung nicht einmal das heiße Wetter herhalten kann, gab die Polizei im Sommer 2003 bekannt.

Mit dem Dienstroller fuhr ein Bezirksbeamter der Polizeiinspektion West am 22. Juli nach Bochum-Dahlhausen, um in den dortigen Ruhrauen und -wiesen für Recht und Ordnung zu sorgen. Denn die Hitze zog schon seit Tagen viele Leute aus der City ans Wasser, und mit der Stadtflucht gehen erfahrungsgemäß Ordnungsstörungen einher. Der Dorfsheriff hatte gerade einen Mopedfahrer des Feldes verwiesen und tuckerte mit seiner Vespa im Bereich Ruhrmühle an den dortigen Kleingärten vorbei. Plötzlich, wie aus heiterem Himmel, klatschte eine große Menge Wasser gegen seinen Helm. Nur mit Mühe konnte der überraschte Ordnungshüter sein Gefährt unfallfrei anhalten. Erst ein Blick nach oben. Keine Wolke. Dann ein Blick zurück. Eine Wasserlache. Auf Grund des Spritzerfluges, so schloss der Beamte messerscharf, musste das Wasser aus einem angrenzenden Kleingarten gekommen sein. Geräusche hinter der Hecke bestätigten ihn: Dort freute sich jemand diebisch über den Treffer. Allerdings verging dem Kleingärtner der Spaß schnell, als er die Uniform des Getroffenen sah. Der Übeltäter entschuldigte sich flugs dafür, den Falschen getroffen zu haben. Der 48-Jährige gab jedoch zu, dass er einen Kradfahrer erwischen wollte. Ihm gehe es auf die Nerven, dass Motorradfahrer ständig verbotswidrig durch die Gärten bretterten. Da er absolut nicht einsehen wollte, dass diese Form der Selbstjustiz zu einem Unfall hätte führen können, bekam er eine Anzeige wegen gefährlichen Eingriffs in den Straßenverkehr. Auf dem Revier konnte der Polizist zum zweiten Mal erleichtert aufatmen. Der Wasserwerfer hatte Frischwasser für seine Tat benutzt, so dass die Uniform getrocknet war und keinen Schaden erlitt.

Gut fünf Wochen zuvor hatten ein paar Schrebergärtner in Witten vorübergehend vergessen, dass es Gerichte gibt, die Straftaten ahnden, und die Zeiten des Faustrechts lange vorbei sind. Sie ärgerten sich darüber, dass ein Unbekannter seit Pfingsten nachts durch ihre Grundstücke in der Schleiermacher Straße schlich und das mühsam gesäte und gehegte Gemüse aus dem Boden riss – und somit sozusagen direkt aus ihrem Gärtnerherz. Die Kleingärtner sprachen sich deshalb ab und legten sich auf die Lauer. Am 18. Juni, kurz vor Mitternacht, passierte es: Eine Frau ging mit einem Beutel, in dem sich Salat befand, durch die Gärten. Obwohl das nur ein Indiz war und die Wittenerin versicherte, den Salat gekauft zu haben, hatten die eifrigen, selbst ernannten Rechtshüter sie als Diebin identifiziert. Als die vermeintliche Täterin weitergehen wollte, hielten die Kleingärtner sie fest und riefen die Polizei. Was bis zum Eintreffen der Beamten geschah, sollte anschließend noch die Gerichte beschäftigen. Denn die Kleidung der verdächtigen 31-jährigen Frau war verschmutzt. Außerdem klagte sie über Schmerzen durch Schläge und Ziehen an den Haaren. So gab es von Beamten gegen die Frau eine Anzeige wegen des Diebstahlsverdachtes – und gegen die Gärtner eine wegen Körperverletzung.

Dümmer als dumm

Wenn Kleingärtner zu Tätern werden, was vorkommt, so zeigen sich einige intellektuell nicht gerade von ihrer Schokoladenseite.

Uwe Klein, seit rund 20 Jahren Sprecher der Polizei in Essen, erinnert sich noch sehr gut an einen seiner ersten Fälle. „1986 muss es ungefähr gewesen sein, der Ort war eine Kleingartenanlage im Norden der Stadt. Ein Kleingärtner rief die Polizei wegen eines Diebstahls: Ein in voller Blüte stehender Kirschbaum wurde bei ihm ausgebuddelt und gestohlen. Die beiden Polizisten konnten den Fall am Tatort überraschend schnell lösen – sie mussten nur den verlorenen Blüten nachgehen. Diese führten die Ordnungshüter direkt – auf das Grundstück des Nachbarn. Dort stand, direkt neben der Laube, ein frisch eingepflanzter Kirschbaum." Der Nachbar hat sofort gestanden und sollte mit seiner Dummheit noch am selben Abend zur Lachnummer im ganzen Land werden: Sein Diebstahl schaffte es als humorige Meldung bis in die „Tagesthemen". Uwe Klein: „Da habe ich mich monatelang vorher in meinem neuen Job verrenkt, mir einen Kopp gemacht, welche Mord-und-Totschlag-Geschichten spannend sind und ich den Medien verkaufen kann, und dann berichtet die ARD bundesweit über so einen banalen Diebstahl."

Entführte Gartenzwerge befreit

Und schließlich war da noch die Zivilstreife der Polizeiinspektion Bochum-Mitte. Die beiden Beamten überprüften in den frühen Morgenstunden des 25. September 2001 einen einschlägig bekannten Bochumer, der mit zwei Kumpels unterwegs war. Zwei der Männer trugen eine schwere Reisetasche und mehrere Einkaufstüten. Der dritte schob eine Schubkarre, in der drei farbenfrohe Gartenzwerge standen. Auf die Frage, woher diese denn stammten, meinte einer der Männer, die rund 80 Zentimeter großen Figuren einsam auf einem Friedhof gefunden zu haben. Das Trio hatte offenbar gut getankt. Dafür sprach nicht nur die kräftige Alkoholfahne, die die Männer umwehte, sondern auch deren Verwirrung. Sie widersprachen sich, und es kam schnell heraus, dass die Zwerge nicht vom Friedhof stammten. Vielmehr wohnten sie in der Kleingartenanlage an der Tippelsberger Straße. Dort wurden sie gestohlen und sollten nun auf Flohmärkten verscherbelt werden. Die benebelten Diebe verbrachten eine Nacht zur Ausnüchterung auf der Polizeiwache und erhielten eine Anzeige, während die befreiten Gartenzwerge zu ihrem Besitzer zurückkehrten.

Impressum

1. Auflage Juni 2006
Satz und Gestaltung: Sabine Schwarz, Köln
Lithografie: van den Ecker GmbH, Köln
Druck und Bindung: J.P. Himmer GmbH & Co. KG, Augsburg

ISBN 3-89861-395-X
ISBN-13 978-3-89861-395-8

www.klartext-verlag.de

Bildquellennachweis:
Landesverband Rheinland der Kleingärtner e.V. (2), Landesverband Westfalen und Lippe der Kleingärtner e.V. (3), Regionalverband Ruhr (4/5), privat (8, 9, 10, 12, 13, 16 unten, 22, 23, 36, 37, 38 unten, 54, 60, 61, 66, 67, 70, 71, 87, 90, 91, 95 oben, 98, 108, 109, 139, 140, 141, 142, 143, 162, 163), Fritz Harderring (42, 43, 44, 45), Sabine Schwarz (37, 47, 48, 49, 148, 153 oben rechts und oben Mitte, 186 links), Tim Weinert (110/111), Gudrun Weigt (126, 127). Alle anderen Fotos stammen von Christoph Papsch.